KB272886

입체도시계획의
이해와 활용

|정종대|김영훈|박신영|

입체도시계획의
이해와 활용

KSI 한국학술정보(주)

| 머리말 |

　본 책은 토지 및 도시공간을 보다 효율적으로 활용하고 도시에 필요한 공원, 녹지, 보행 공간, 도로 등의 도시계획시설을 보다 효과적으로 확보하고, 도시 공간을 구성하는 다양한 형태의 건축물과 건축 공간을 확보하는데 '입체도시계획제도'를 활용할 수 있는 방안을 제도 및 사례를 통하여 살펴보는데 목적이 있다.

　도시는 인구증가에 따라 주거·업무 공간과 휴식·문화 등의 공공 공간, 도시의 기반을 구성하는 인프라(Infra)에 대한 수요가 폭발적으로 증가하는 반면에, 도심의 높은 토지비용으로 인한 시설용지의 확보 및 적정 입지의 확보가 곤란하여, 도시기능을 원활하게 할 수 있는 도시계획시설의 확보에 많은 어려움을 겪고 있는 상황이다.

　이러한 문제들을 극복하기 위해 선진국에서는 도시시설물 구축에 필요한 비용절감, 한정된 도시 토지자원 효율적 활용, 직·주 분리에 의한 도심공동화 방지 및 교통량 감소 등을 위해 복합용도의 개발, 입체적 토지이용 및 건축물계획 등을 통해 도시 확산(Urban Sprawl) 방지 및 적정한 도시 내 공공시설의 확보에 노력을 기울여 오고 있다.

　특히 우리나라와 유사하게 도시화가 앞서 진행된 일본에서는 일찍이 입체도로제도, 입체공원제도, 입체구역제도 등을 도입하여 도로, 철도, 공원시설과 같은 기반시설과 일반 건물의 복합적 계획을 꾀하여 공원, 녹지, 보행로, 기타 도시 내 공공시설 등의 확보에 활용하고 있다. 한걸음 더 나아가 현재에는 단일필지 개발에서 벗어나 일단의 지역(Block)을 대상으로 입체도시계획을 수립하여 도시재정비를 추진함으로써 새로운 도시의 재생 방안으로 활용되고 있는 실정이다.

　국내에서도 1999년 입체도로제도를 도입하였고, 2002년에는 「국토의

계획및이용에관한법률」에 도시계획시설과 비도시계획시설의 중복을 허용하는 조문을 도입하는 동시에 하위 규칙에서 도시계획시설의 중복결정과 입체적 결정에 관한 구체적 규정을 도입하였다. 그러나 세부적인 운영지침의 부재 및 실무적으로 활용할 수 있는 제도운영방안이 구체화되지 못하여 아직까지 도시정비사업 등에 적용하는 데 있어서는 많은 한계를 노출하고 있다.

본 글에서는 부족한 도시용지에 충분한 도시계획시설을 확보하고 도로 및 철도 등의 지하, 지상 및 공중 공간을 다양한 용도로 활용한 해외사례의 시사점을 통해 국내에 적용할 수 있는 방안을 살펴보았다.

특히, 도시계획시설 중 가장 활용도가 높은 도로시설과 철도시설에 초점을 두고 관련 사례의 분석과 현재 실제사업에 적용함에 있어 필요한 부분에 대한 문제점 해소방안 및 적용방안을 제시하는 데 큰 의의가 있다고 본다.

향후 '입체도시계획제도'가 세부적인 법의 개정 및 운영지침 마련 등을 통해 도로·철도·공원 등의 도시기반시설 확보, 광장·보행로 등의 도시공공 공간의 확보와 더불어 도시의 효율적 정비와 재생을 위한 도시정비사업, 임대주택사업 등에 활용될 수 있을 것으로 기대된다.

본 글의 작성에 함께 참여해주신 김영훈 교수님과 박신영 연구원에게 깊은 감사를 드립니다. 또한 구체적이고 전문적인 연구내용을 자문해주신 강남대학교 서충원 교수님께도 감사드립니다. 아울러 해외사례의 수집과 분석에 도움을 주신 독일의 오정균 박사님, 프랑스의 황종대, 김경아님 국내사례 및 제도 분석에 도움을 준 해안건축의 홍미영님에게도 감사의 뜻을 전합니다. 마지막으로 본 서의 편집과 출판에 도움을 주신 한국학술정보(주) 관계자 여러분께 감사의 뜻을 전합니다.

2006년 10월
정 종 대

|목 차|

제4장 입체도시계획의 활용 방안 - - 111

제5장 입체도시계획의 도시정비사업 활용 방안--141

제6장 맺음말--169

참고문헌--177

부 록--183

제 1 장 | 입체도시계획의 필요성 및 배경

제1장 입체도시계획의 필요성 및 배경

1.1 입체도시계획의 필요성

오늘날 사회는 급속한 산업화, 도시화와 함께 인구 및 각종 기능이 도심으로 집중되면서 도시 내 토지 수요가 기하급수적으로 증가하였다. 이는 엄청난 지가 상승을 가져왔으며 이로 인해 대도시에서는 심각한 교통 혼잡과 더불어 주택 및 각종 기반시설 등의 부족을 초래했다. 초기 이러한 문제점을 해결하고자 위성도시 및 신도시 건설을 추진하였으나 장기적으로 이는 도시 확장을 가져왔으며 근본적인 도심 문제를 해결하지는 못하였다. 더구나 우리나라와 같이 국토가 좁고 산지면적이 약 70%에 달하는 곳에서는 도심에서 개발 가용지의 확보가 무엇보다 어렵다. 도시는 점점 증가하는 인구로 필요한 도시계획시설이 증가하고 있으나, 용지 부족과 높은 토지 보상비, 지역주민의 반대 등으로 사업이 장기화되거나 취소되는 사례가 증가하고 있고, 그에 따라 충분한 도시계획시설의 공급에 차질을 빚고 있다.

이러한 문제점들을 해결하기 위한 방안으로 도심 공간의 효율성을 높이고 다양화를 꾀하는 방법을 모색하게 되었다. 즉 한 곳에서 다양한 것을 동시에 이용할 수 있는 기능을 가진 복합용도(mix-used)와 기존 평면적인 도시계획 기준에서 3차원 입체적으로 도시 공간을 계획하는 도시 공간 활용방안을 계획하는 것이다. 이는 도시의 평면적 개발의 한계를 극복하는 것으로 이러한 방법은 이미 선진국에서 도입되어 활용되고 있다. 이를 통해 선진국에서는 도시시설물 구축에 필요한 비용을 해결하고, 한정된 도시 내의 토지자원을 효율적으로 활용하면서, 도시시설의 확보비용을 절감하기 위해 '도시 공간의 입체화 적용'을 시도해 왔다.

특히 독일, 프랑스, 일본 등에서는 도시시설의 입체화를 발판으로 인접 지역까지 그 범위를 확장하여 이를 통해 침체된 도시를 재생하고, 교통부지 등을 활용하여 임대주택 및 각종 공공시설을 설치하는 등 높은 토지비와 주민 이주 문제를 입체도시계획제도를 통해 효과적으로 대처하고 있다. 이를 위해 공공기관이 사업계획을 하고, 각종 규제의 완화 및 인센티브를 제공함으로써 민간사업자의 참여를 적극적으로 유도하는 사업 형태를 보이고 있다.

국내 역시 1960년대 후반부터 도심 환경 정비를 위한 도로부지, 하천부지, 기타 국공유지 등을 활용하여 상부에 주상복합, 상업건축물(세운상가, 진양상가 등)을 건립하였다. 이외에 철도역사를 중심으로 민간투자사업 활성화를 위하여 민자역사 건립(서울역, 영등포역, 죽전역 등)을 활발하게 진행하고 있다. 그러나 국지적인 계획과 공공과 민간의 권원문제 및 제도적 뒷받침이 미비하여 아직 도시계획시설의 입체적 계획 및 활용에는 많은 한계가 있다. 이러한 문제점을 극복하고 입체도시계획제도의 활성화를 위해서는 제도적인 뒷받침이 우선되어야 할 필요가 있다고 본다.

1.2 입체도시계획의 이론적 배경

입체적 도시계획 용도의 적용은 상이한 용도의 중복에서 시작되었다고 볼 수 있는데 복합용도건물의 개발이 20세기 도시의 발달 과정에서 갑자기 도래된 일련의 건축유형이 아니라, 인류의 역사와 흐름을 같이하는 인간정주체계와 그 맥락을 같이하고 있는 삶의 형태이다.[1]

인간의 활동을 크게 주거·작업·여가 영역으로 나누어 볼 때, 근대 이전까지는 이 세 가지 활동이 전통적으로 하나의 건축적 장소에서 이루어졌었다. 즉 각각의 기능에 따른 공간의 특별한 분화 없이 하나의 공간은 각기 다른 기능 공간의 중첩으로 이루어진 복합용도의 성격을 가지고 있었다.[2]

예를 들어 고대 그리스의 agora, 로마의 forum 및 caracalla와 같은 공중목욕탕, 중세의 시장광장 등의 경우를 들 수 있으며, 자들러(e.zeidler)는 복합용도 건물의 기원으로 다양한 기능들이 혼합되어 있는 agora와 로마의 공중목욕탕으로 보았다. 이러한 로마의 다양한 복합용도 형태는 점점 상점과 공방, 작업 공간, 주거 공간이 연결되어 있는 형태로 변화하였다. 그러나 로마의 멸망 이후 11세기 상업교역이 본격적으로 재기되고 시장의 발달이 가속화되기 전까지 도시적 형태를 취하던 유럽의 경제체제가 마을 단위의 자급자족 형태로 퇴보하면서, 주거 형태도 직주공용주택인 주거와 작업 공간이 결합된 원시적 의미의 복합용도 형태를 취하게 되었다.

〈그림 1.1〉 로마의 forum(좌) 및 그리스 agora(우)의 평면도

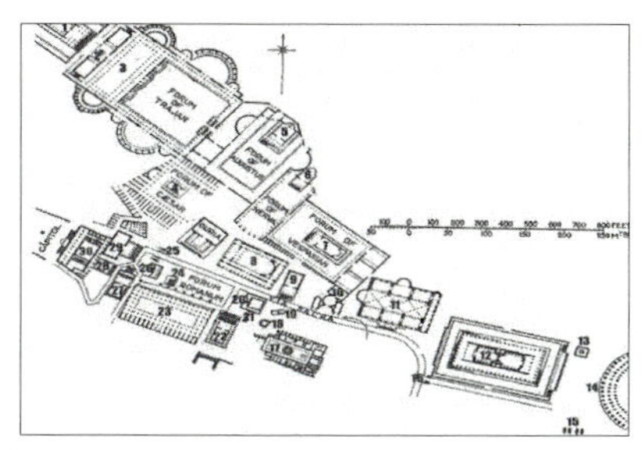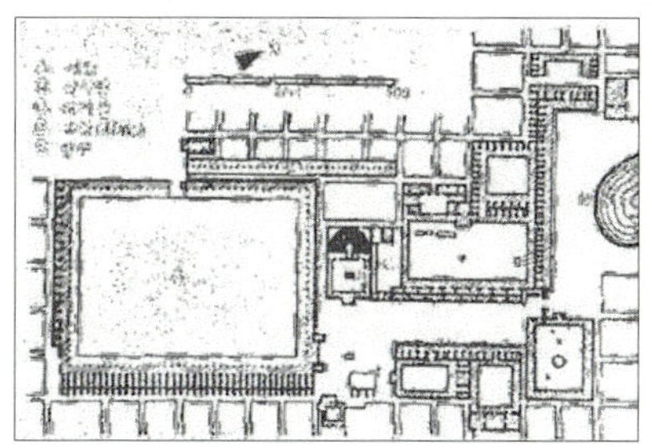

1) 김세기, 단일고층형 주상복합건물의 동선체계에 관한 연구, 홍익대 석사, 1996.
2) 박용석, 주상복합건물에서 주거환경 개선에 관한 연구, 인하대 석사, 1997.

  1세기 이후 유럽의 많은 도시에선 상업용도와 주거용도의 혼합들을 볼 수 있는데, 초기에는 가내 공업 형태의 전통적인 주거와 작업의 복합 형태를 유지했다. 즉 시장광장이나 도시중심부에 위치한 대도시 일부 부속상인들의 주택을 제외하면 도시경관을 지배하는 대부분의 중소상인들의 주택은 상업, 작업, 공간, 주거 공간이 기능적인 구분 없이 유기적으로 결합되어 있는 형태였다.

  르네상스 이후 상업적 교역의 규모가 점점 확대됨에 따라 공간적 분리현상이 뚜렷하게 나타나기 시작했는데 15세기 중반 이탈리아 북부의 플로렌스와 베니스 등지에서 나타나는 주거 공간, 상업 공간, 여가 공간 그것이다. 또한 7세기 이후 산업의 발달을 선도한 영국을 중심으로 나타난 town-house와 government industry complex라는 새로운 복합 형태가 등장하였고, 18세기 산업혁명 이후 파리와 쾰른 등의 대도시에선 주거, 상업, 작업 공간의 분리 현상이 나타났다.

〈그림 1.2〉 중세 상공인의 주택

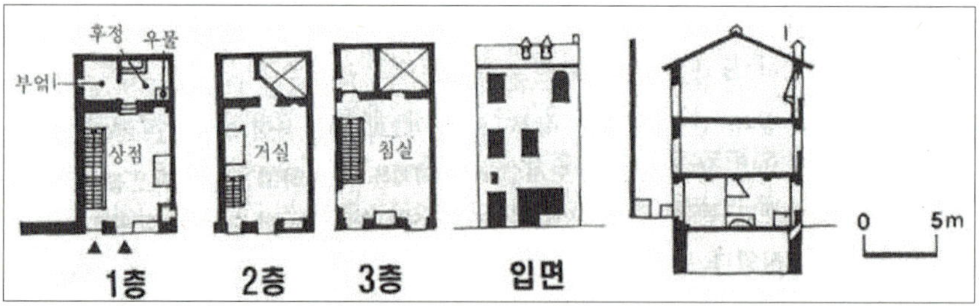

  18세기 영국에서 시작된 산업혁명은 사업의 구조적 변화뿐만 아니라 주거의 형태와 같은 부분에 많은 영향을 주었다. 산업화로 도시 내의 공장과 기업들이 급속히 확장되면서 도심의 공간부족 현상이 일어났고, 도시로의 인구집중은 문제의 심각성을 가중시켰다. 더욱이 좁은 공간, 소음, 불결한 주변상황 등으로 악화된 주거 환경에도 불구하고 주민을 위한 상업시설이나 편의시설의 고려가 없이 오직 기업가들의 실리적인 이익만을 고려한 용도의 비인간적인 복합화와 무계획적인 직주분리가 계속되자 복합용도화 자체의 문제점에 대한 논의가 심화되었다.[3] 또한 19세기 이후 급속한 산업발전에 따른 경제성장에 의해 인구의 도시집중으로 많은 문제점들이 속출하게 되자, 이에 대한 개선책으로 도시의 각 기능을 거대한 스케일로 생각하여 인위적으로 이주시키는 방법이 모색되었다.[4] 바로 기능분리에 의한 도시구성의 개념이 1933년 아테네의 C.I.A.M. 국제회의에서 채택된 아테네 헌장[5]에서 그 완성을 보게 되었던 것이며, 이후 대부분 유럽의 도시재건과 건설에 있어 중요한 설계개념으로 자리 잡게 되었다. 이러한 설계개념은 기능주의에 입각하여 도시기능의 혼합을 죄악시하고 철저히 배제시켜 중세시대 이후로 역사와 더불어 성장, 발전해 온 복합용도에 의한 기존의 도시 공간 구조와는 동떨어진 도시 형태를 구성하게 되었다. 특히 대도시의 인구분산정책의 일환으로 도시 주변에 위성도시가 구축되면서 많은 문제점들이 나타나게 되었는데 그 대표적인 예가 위성도시 내에 입주한 대규모 주거단지가 베드타운적 성격으로 전락한 것이다. 또한 Jane Jacobs의 저서 「The Death And Life of Great American Cities」(1961)에서 도시의 기본적 기능을 복합화시킬 필요

---

3) 박용석 위 전게서.

4) 김세기 위 전게서.

5) 1928년 르 꼬르브제(Le Corbusier)의 주장을 지지하는 각국의 건축가들에 의해 결성된 건축가 및 도시계획가 모임으로, 1933년 아테네 회의에서 현대도시의 존재방식에 대한 생각을 정리하여 95조로 이루어진 아테네헌장을 발표하였다. 여기서는 도시의 기능을 네 가지 기능으로 주거, 여가, 근로, 교통이라 하고 도시계획은 주거단위를 중핵으로 하여 이들 기능의 상호관계를 결정해야 한다고 하였다. 〈초록, 태양, 공간〉을 이상도시의 목표로 하는 CIAM의 주장은 많은 사람들의 공명을 얻어 각국의 도시계획 및 주택지계획 속에 정착되어 갔다.

성에 대해 역설하고 있다. 다시 말해 과거의 도심과는 달리 현재의 도심은 경제성만 추구한 상업요소에 계획의 중점이 주어졌기 때문에 도심 공동화 현상과 제반문제들이 생겼다고 주장한 것이다.

이러한 기능 분화로 인한 여러 문제점들이 발생하자 1977년 아테네 헌장의 원칙이 마추픽추 헌장에 의해 재구성되어 상호보완적인 기능을 서로 화합하는 용도복합의 방향을 제시하였다.[6]

그러다 2차 세계대전 이후에 모든 도시의 인구 급증과 더불어 생태계, 에너지, 식량문제가 대두되었고 이러한 도시성장으로 도시생활환경이 크게 악화되면서 도시의 주택부족과 공공시설기능의 약화, 교통문제 등이 발생하였다. 또한 자동차의 대량 보급으로 도시는 외부로 급속히 퍼져나가 상류층은 외부로 빠져나가고 서민층만 도심에 남게 되어 도시는 슬럼화가 되어 점점 황폐해 가면서 도시기능을 점차 잃어갔다. 또한 늘어나는 교통량을 감당하기 위한 도로건설은 이미 급증한 토지비용으로 도심에 도로를 신축하는 것이 어렵게 되어 점점 교외로 신설되게 되고 이에 따라 도로변의 상업시설들이 들어서면서 도시의 비즈니스가 교외로 옮겨지는 결과를 낳게 되었다.[7]

이렇게 현대도시를 특징짓는 확산형 도시개발 패턴의 주 원인인 자동차 보급으로 환경오염 등 문제들이 지적되자 이를 억제하기 위한 자동차 중심의 생활양식에서 벗어나야 한다는 주장이 대두되기 시작했다. 이 방법으로 대중교통과 보행을 활성화할 수 있도록 도시를 집적하는 압축도시 모델이 제안되었는데 이에 대응하여 1990년 중반 이후로는 도로를 축소하여 대중교통 이용을 유도하는 교통정책을 펼치

---

6) 그 내용은 도시계획이나 도시구성에 있어서 단순한 건물의 나열로만 도시가 존재한다고 여겨서는 안 되고 여러 가지 도시기능의 화합을 장려해야 한다는 것이다.(The Carta of Machu Picchu, 1977)

7) 문영필, 복합용도개발에 관한 연구, 홍익대 석사, 1999.

고 유료도로, 노선전차 등의 대안을 마련하는 등의 여러 정책 등을 펼쳤다. 이러한 노력을 통해 도시의 고밀화와 복합개발을 유도하는 압축도시(Compact City)이론을 수용하여 새로운 개발 수요를 기존 도시에서 수용하는 도시수용정책을 펼치게 된 것이다.[8] 압축도시의 대중교통과 보행, 고밀을 복합화 하는 원칙이 수용되고 이를 보다 효과적으로 활용하기 위한 방안으로 토지의 공중, 지하, 지상 등을 활용하는 고도이용방법의 입체도시계획이 대두하게 된 것이다.

〈그림 1.3〉 르코르뷔제, 알제의 도시계획
－하부 거주시설(좌) 및 상부 고속도로(우)

---

8) 임희지, 지속가능한 도시조성을 위한 시－전통주의계획이론 분석 연구, 국토연구 32, 2001, p.99~100.

제2장 국내의 입체도시계획 현황

2.1 입체도시계획 관련 제도 연혁

입체도시계획제도의 도입에 앞서 우리나라에서는 1999년 도로법상에 입체적 도로 정비를 위한 규정이 마련되었다. 이는 도로정비촉진법에 포함되어 있던 도로정비계획 등에 관한 사항을 보완하여 도로법에 통합하고, 도로정비촉진법을 폐지함으로써 도로의 체계적인 정비가 가능하도록 하였다. 한편, 토지의 효율적인 이용과 도로부지 확보비용의 절감을 위하여 지상 또는 지하의 일정 범위를 입체적 도로구역으로 정할 수 있도록 하고, 접도구역에서의 행위제한을 완화하는 등 현행 제도의 운영상 나타난 일부 미비점을 개선·보완하려는 취지에서 개정되었다.

「도로법」 제50조2, 제50조3, 제50조4 등의 신설로서 도로의 관리청과 토지소유자 등이 협의하여 지상 또는 지하 공간의 일정한 범위에 도로구역을 정할 수 있도록 하는 입체적 도로구역제도를 설정하고, 도로의 관리청은 토지에 대한 소유권의 확보 없이도 지상 또는 지하 공간에 도로를 건설하는 것이 가능하게 되었다. 이러한 제도의 도입은 토지소유자 등이 입체적 도로구역의 위 또는 아래에 위치하는 토지를 이용할 수 있도록 함으로써 도로부지 확보비용의 절감과 토지이용의 효율성을 높일 수 있도록 하기 위함이다. 입체적 도로구역 및 도로보전입체구역 안에서의 행위제한 등이 규정되어 있으며, 동 시행령 제28조에 입체적 도로구역 지정시의 협의사항 등을 법률로써 명시하였다.

22

이로 말미암아 도로의 상·하를 자유롭게 이용이 가능하기 위한 건축법의 개정이 필요하여 이에 「건축법」 제34조를 삭제하고 관련 법률들을 일부 개정하였다. 내용은 도시미관 등에 의한 건축허가제한, 대지면적의 최소한도, 인접대지 경계선으로부터의 이격거리, 지하층설치 의무, 현장관리인제도 등의 규제를 폐지해 건축관련 민원의 발생소지가 없도록 하였다.

또한 종전에는 국토를 도시 지역과 비도시 지역으로 구분하여 도시지역에는 도시계획법, 비도시 지역에는 국토이용관리법으로 이원화하여 운용하였으나, 국토의 난개발 문제가 대두됨에 따라 2003년 1월 1일부터는 도시계획법과 국토이용관리법을 통합하여 비도시 지역에도 도시계획법에 의한 도시계획기법을 도입할 수 있도록 국토의계획및이용에관한법률을 제정함으로써 국토의 계획적·체계적인 이용을 통한 난개발의 방지와 환경친화적인 국토이용체계를 구축하려는 목적을 가지고 2002. 2. 4 「국토의계획및이용에관한법률」이 제정되었다.

〈그림 2.1〉 입체도시계획 관련 제도 연혁

「국토의계획및이용에관한법률」 제43조, 제46조를 통해 도시계획시설을 설치 및 관리를 비롯해 이에 따른 설치 기준과 보상을 마련하고 있다. 이것은 입체도시계획시설과 관련한 모법에 해당하는 것으로 이로써 도시계획시설을 토지의 지하 뿐 아니라 공중 공간까지 효율적으로 활용할 수 있는 시행근거가 마련된 것이다.

같은 해 12월에는 이를 보강하여 「도시계획시설의결정·구조및설치기준에관한규칙」에서 둘 이상의 도시계획시설을 중복 결정할 수 있도록 하고, 입체적 도시계획시설을 결정하여 도시계획차원으로서 입체도시계획이 시행할 수 있도록 하였다.

이와 같은 토지이용의 확대에 따른 보상방법에 대한 근거는 2002. 12. 30 「공익사업을위한토지등의취득및보상에관한법률」이 제정되어 토지의 지하, 지상 공간의 사용에 대한 평가를 '입체이용저해율'(부록 참조)을 통해 산정하여 보상이 이루어지도록 하는 규정을 마련하였다.

2.2 국내 입체도시계획 관련 제도

2.2.1 도시계획시설의 중복결정 및 입체적 도시계획시설결정

「국토의계획및이용에관한법률」 제43조에 의한 「도시계획시설의결정·구조및설치기준에관한규칙」 제1장 제3조(도시계획시설의 중복결정)에서 규정하고 있는 "도시계획시설의 중복 용도지정"과 제4조(입체적 도시계획시설결정)에서 규정하고 있는 "도시계획시설의 입체적인 설치"등의 내용으로 인해 도시계획시설을 활용한 입체적 도시계획 결정이 가능하게 되었다. 따라서 토지를 합리적으로 이용하기 위하여 필요한 경우에는 둘 이상의 도시계획시설을 같은 토지의 지하·지상·수상·수중 및 공중에 함께 결정할 수 있는 법적인 가능성이 확보된 것이다.

또한 「도시계획시설의결정·구조및설치기준에관한규칙」 제4조 제1항에서 "도시계획시설이 위치하는 지역의 적정하고 합리적인 토지이용을 촉진하기 위하여 필요한 경우에는 도시계획시설이 위치하는 공간을 일부만을 구획하여 도시계획시설을 결정할 수 있다."라로 명시함으로써 도시계획시설이 위치하는 부지 및 공간의 전체가 아닌 활용범위 일부만을 구획하여 범위를 결정할 수 있게 되었다.

이는 대지 전체를 도시계획시설로 규정하면 이를 확보하기 위한 사업비의 증가 및 사유지인 경우 사유재산 활용에 제한이 발생하게 된다. 그러나 부분적 활용이 가능하게 되어 도심에서는 토지를 보다 효율적으로 활용할 수 있으며 부지에 대한 사권을 자유롭게 행할 수 있게 된 것이다. 이러한 입체적 결정을 하기에 앞서 토지소유자 등 토지에 대한 권리를 가진 자와 구분지상권 설정 및 이전 등을 위한 협의가 먼저 필요하다.

> 대지가 도시계획시설부지가 아닌 경우에 필요에 의해 도시계획시설을 설치하고자 할 경우, 대지 전체를 도시계획시설부지로 결정하지 않고 수직적 범위의 일부만을 도시계획시설 설치를 위한 공간으로 구획하고자 하는 경우
>
> 대지　　　　　← 도시계획시설

2.2.2 도시계획시설부지 안에서의 개발행위

1) 도시계획시설 및 비도시계획시설물의 설치

도시계획시설의 설치장소로서 지상·수상·공중·수중 또는 지하에 대하여 「국토의계획및이용에관한법률」 제64조에 의해 당해 도시계획시설이 아닌 건축물이나 공작물은 설치가 불가능하다. 그러나 령 제61조에서 공간적 범위를 정하여 도시계획시설이 결정되어 있고, 그 도시계획시설이 장래의 확장 가능성에 대하여 설치·이용 및 장래 확장 가능성에 지장이 없는 범위 안에서는 도시계획시설이 아닌 건축물 또는 공작물을 상부 또는 하부에 설치할 수 있도록 하고 있다.

또한 도시계획시설과 도시계획시설이 아닌 건축물을 같은 건축물 안에 설치하는 경우에는 건폐율이 증가하지 않는 범위, 도시계획시설의 설치·이용 및 장래의 확장 가능성에 지장이 없는 범위에서 가능하다. 이외에 도로법 등 도시계획시설의 설치 및 관리에 관해 규정하고 있는 다른 법률에 의하여 점용허가를 받아 건축물 또는 공작물을 설치할 수 있도록 하고 있다.

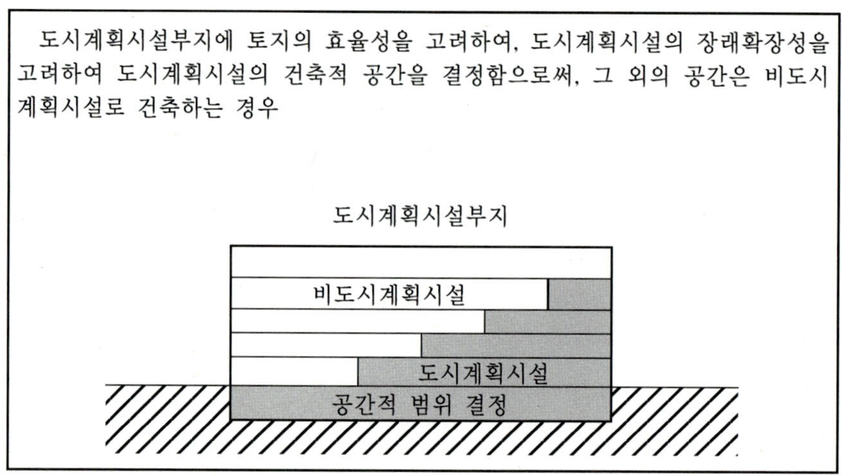

위 그림의 상단 박스 내용:
도시계획시설부지에 토지의 효율성을 고려하여, 도시계획시설의 장래확장성을 고려하여 도시계획시설의 건축적 공간을 결정함으로써, 그 외의 공간은 비도시계획시설로 건축하는 경우

이로써 도시계획시설과 비도시계획시설을 같이 결정할 수 있게 되어 터미널이나 시장 등의 도시계획시설들은 입체적 도시계획시설로 구역을 결정한 후 편의시설을 제공하고 상업시설, 업무시설 등을 함께 결정할 수 있음으로써 보다 그 활용도를 높일 수 있게 되었다.

2) 입체적 도로구역

도로부지의 지하, 공중 등 공간을 합리적으로 활용하기 위한 수단으로서 입체도로제도를 도입하기 위해서는 종전 「건축법」 제33조 대지와 도로와의 관계, 제34조 도로 안의 건축제한(1999. 2. 8삭제), 령 제28조 대지와 도로의 관계(1999. 4. 30개정), 령 제29조 도로 안의 건축제한 규정(1999. 4. 30 삭제)에서 예외규정이 필요하였다. 최근 각종 규제완화 및 최소대지면적 기준 완화조치와 함께 입체적 도로구역 결정과 관련한 건축법과 시행령의 관련조항이 삭제되거나 개정됨으로써 도로와 건축물이 동시에 건설될 수 있는 계기가 마련되었다.

「도로법」 제50조의 2에서 도로구역을 결정하거나 변경할 경우 지상 또는 지하의 공간에 대하여 상하의 범위를 정한 구역에 입체적으로 도로구역을 결정할 수 있는 조항을 신설하였다. 이와 함께 도로의 권리취득 방안으로서의 도로의 관리청은 입체적 도로구역을 정할 때 토지소유자 등과 구분지상권을 설정하기 위한 협의를 거치도록 하였다. 협의내용은 소유권, 구분지상권, 보상금액과 지급 시기 및 방법, 유효기간, 도로사용으로 인한 손해발생 시 조치사항 등(도로법 시행령 제28조 1999. 8. 6)으로 구성되어 있다.

도로법에서는 도로의 입체적 구역에 대한 도로의 구조를 보전하기 위한 도로보전 입체구역(제50조의 3), 도로보전 입체구역 안에서의 행위제한 등(제50조의 4)의 조항을 신설하여 입체도로제도에 대한 첫 번째 법률 개정을 마련하였다. 여기서는 도로보전입체구역 안에서 행위제한으로는 소유자 또는 점유자는 그 시설 등에 의한 도로의 구조나 교통의 안전에 대한 위험을 방지하기 위하여 필요한 조치를 해야 하며, 도로의 구조나 교통의 안전에 위험을 미칠 우려가 있는 행위를 해서는 안 된다고 명시하고 있다.

이와 더불어 1999년 입체도로제도를 도입하면서 「건축법」 제34조 도로와 건축물과의 이전의 도로안의 건축제한 조항을 삭제하고, 일부 개정하면서 제33조에서 건축물의 대지는 2미터 이상을 도로에 접해야 하나 당해 건축물 출입에 지장이 없거나 건축물 주변에 대통령령이 정하는 공지가 있는 경우에는 이 규정이 적용되지 않는다.

2.2.3 입체도시계획을 위한 보상 및 권리에 대한 법적 현황

입체도시계획으로서 토지의 지상과 지하, 공중 공간을 이용하기 위한 법체계는 민법에서는 토지소유권, 지상권 및 구분지상권에 대한 규정을 하고 있으며, 「공익사업을위한토지등의취득및보상에관한법률」에서는 토지 수용 및 사용에 관한 부분과 지하 및 공중 공간 사용에 따른 보상평가규정 등을 정하고 있다.

그리고 이와 유사하게 「도시철도법」, 「도시가스안전관리법」, 「전기사업법」, 「전기통신사업법」, 「집단에너지사업법」 등 전기 및 가스시설을 지하에 매설하기 위해 사유지를 이용할 때 따르는 보상에 대한 규정도 마련되어 있다. 그러나 대부분의 규정들이 지하 부분을 기준으로만 한정되어 있으며 지하와 공중 공간을 같은 기준으로 처리하고 대부분 「공익사업을위한토지등의취득및보상에관한법률」을 준용하고 있다.

이 중 도시계획시설의 설치 등 공익사업을 위한 보상에 관해서는 「국토의계획및이용에관한법률」 제46조를 근거로 토지의 지하 또는 지상 공간을 사실상 영구적으로 사용하는 경우에는 '입체이용저해율'로 산정한 금액으로 평가하는 것을 「공익사업을위한토지등의취득및보상에관한법률시행규칙」 제31조에서 규정하고 있다. 이는 그동안 토지의 지하 부분에만 산정되어 왔던 보상을 토지의 지상 및 공중 공간을 사용함에 따라 부분적인 사용료를 산정하여 지급하는 근거가 된다.

토지의 지상 부분 또는 지하 부분의 사용에 관한 구분지상권의 등기절차에 관하여는 「도로법」 제50조2의 5항을 근거로 「도시철도및도로법에의한구분지상권등기처리규칙」에 의해 도시철도 및 도로에 대하여 구분지상권을 설정하는 내용의 수용 또는 사용재결을 받은 경우에는 그 재결서 및 보상 또는 공탁을 증명하는 서면을 첨부하여 토지수용 또는 사용재결을 원인으로 하는 구분지상권설정등기를 할 수 있다.

〈표 2.1〉 지하·공중 공간 이용 관련 법체계 현황
(건설교통부, 1999 재편집)

법 령	법조문	성 격	기 타
헌 법	제23조	· 소유권의 보장 · 소유권의 제한 · 소유권의 제한에 따른 정당한 보상 규정	학설에는 무제한설, 제한설이 있음
민 법	제212조	· 토지소유권의 범위 규정	정당한 이익 범위규정 모호
	제279조	· 지상권의 내용	·
	제280조	· 지상권의 존속 기간 규정	·
	제281조	· 존속 기간 비약정 지상권에 대한 규정	·
	제284조	· 지상권의 종속 기간 갱신규정	·
	제289조2	· 구분지상권 규정	·
국토의 계획 및 이용에 관한 법률	제46조	· 도시계획시설의 공중 및 지하에서의 설치 기준과 보상 등의 규정	도시계획시설에 한정
	제95조	· 토지 등의 수용 및 사용	·
	제96조	· 토지 등의 취득 및 보상에 관한 준용법률	·
공익사업을 위한 토지 등의 취득 및 보상에 관한 법률	제31조	· 토지의 지하, 지상 공간 사용에 대한 평가	토지 등의 취득 및 보상에 관한 규정
도시철도 및 도로법에 의한 구분지상권 등기처리규칙	제1조~제4조	· 수용 또는 사용재결에 대한 구분지상권 설정 및 이전 등	도로법 및 도시철도법에 의한 부동산 특례
송유관안전관리법	제9조	· 타인의 토지에의 출입 등	공익사업을 위한 토지 등의 취득 및 보상에 관한 법률준용
전기통신사업법	제44조~47조	· 손실보상 및 보상 절차	
전기사업법	제90조~92조	· 손실보상 및 공공용지 토지 이용	미비
집단에너지사업법	제46조	· 토지 등의 수용, 사용	·
부동산등기법	제115조	· 토지수용	수용에만 한정

2.3 국내 입체도시계획 적용사례

국내에서 입체도시계획 적용 형태는 공공부지 중 도로부지나 하천부지를 중심으로 상부를 개발하는 것으로부터 출발하였다. 60년대 후반부터 도심 내 불량환경 개선과 상업과 주거를 동시에 해결하기 위해 낙원상가나 청계상가 일대, 신촌상가 등이 생겨났다. 이를 시작으로 도심에 주상복합 형태의 건물들이 나타났다. 이어 철도역사를 중심으로 낡은 역무시설을 바꾸고 역내 공간을 보다 효율적으로 활용하기 위한 방안으로 민간사업자본을 유치하기 시작하였다. 민자역사가 바로 그 형태이며 현재는 대부분의 국철역사들이 백화점 및 대형 쇼핑몰을 중심으로 상업적 역사로 변모하기 시작하였다. 이외에 고가도로 하부를 활용하거나 철도차량기지 상부를 활용한 사례가 있는데 이 경우는 모두 토지 및 도심 공간을 효율성 높게 활용하기 위한 형태라 볼 수 있다.

이러한 입체적 활용의 시도들은 아직 정착되지 않은 제도적 한계점으로 인해 여러 문제점들을 안고 있다. 토지와 건축물의 권리관계에 대한 불분명한 협의로 인한 권리문제를 비롯하여 지나친 상업시설 위주 개발이 가져온 공공편익에 대한 문제, 지속적 유지관리 등 초기에 고려하지 못한 부분들에서 문제가 제기되고 있다.

본 책에서는 현재까지 국내에서 적용된 대표되는 도시계획시설의 입체적 활용 사례를 선정하여 이들 사업 내용과 그에 따른 문제점을 분석하였다. 대상 사례는 도로 및 하천부지 개발 사례와 민자역사 및 종합교통센터 형태인 대중교통시설 연계 개발 사례, 지하철차량기지 상부 개발 사례 등으로 나누어 조사 분석하였다.

2.3.1 도로 및 하천부지 개발 사례

국내에서 도로 및 하천부지를 개발한 형태 중 점용허가를 통해 상부에 건축물을 설치를 시도한 사례로는 대표적으로 청계상가 일대와 낙원상가 및 신촌상가 등을 들 수 있다. 가장 초기에 등장한 청계상가는 그 당시 부지가 소위 소개지로서 종묘 앞에서 대한극장에 이르는 폭 50m, 길이 1km에 달하는 사유지였다. 이러한 부지를 효과적으로 이용하기 위해 1966년 전문상가, 사무실, 호텔 및 극장, 주거시설 등이 혼합된 청계상가의 건축으로 도심부에 복합용도의 건물이 출현하게 되었다.

이러한 상가아파트 출현에 대한 서울시의 초기 취지는 도심에 주거시설을 공급하여 도심공동화를 방지하고 직장과 주거시설을 근접시켜 도심교통 문제를 해결하고자 하는 것이었다. 도심개발의 첫 사업으로 종로-청계천에 건립된 13층 상가아파트를 세웠는데 청계상가 중 하나인 세운상가가 우리나라의 최초 대형 고층건물이다. 이 아파트의 경우 18-25평의 규모로 지금의 국민주택규모에 불과하나 이 당시 엘리베이터 설치 등 첨단 설비를 갖춰 부를 상징하는 대명사가 되었다.[9] 이후 낙원상가, 삼풍상가, 진양상가, 유진상가 등 18개의 상가아파트가 뒤를 이어 건설이 추진되었다.

이들 상가아파트의 한계점으로는 우선 당시 제도적 뒷받침의 부족으로 건물과 토지 소유자 및 점유자 권리를 분명히 설정하지 못한 것에 있다. 상가아파트의 부지가 대부분 공공부지를 점용하여 설치한 것이나 계획 당시 시당국과의 점용허가 및 점용료에 대한 명확한 법적 협의를 통하지 않아 이로 인해 점용료를 두고 빈번한 법적 마찰이 발

---

9) 윤승중, 세운상가이야기, 대한건축학회, 1994, p.14

생되고 있다. 또한 법적 마찰의 해결에 있어서도 일관적이지 않아 신규 사업의 적용에 있어 문제점이 되고 있다. 또한 낙원상가의 경우처럼 도로부지에 사유지가 포함되어 있거나, 아파트 및 상가 입주자들이 건물에 대한 권리만 가지고 있는 경우에는 재건축이나 재개발로 인해 건물이 철거될 때 입주자들의 권리가 완전히 사라지는 문제가 발생하게 된다. 이는 이 시기에 건축된 다른 상가아파트들도 같은 상황으로 재개발·재건축 등의 도시정비 사업 추진 시 어려움을 겪을 것으로 예상된다.

이 시기에 지어진 상가아파트들의 또 다른 문제점은 한 시기에 불량한 도시환경 정비를 위한 임시적 사업 성격으로 단발적, 국지적으로 계획되어 주변 토지이용 및 시설 등과의 조화가 부족하다는 점이다. 즉 단일 건축물 건축행위로 진행된 결과 현재의 변화된 도시적 상황을 받아들이지 못하고 있다. 이러한 개발 형태는 본 시설이 노후화가 진행되면서 초기의 획기적인 건축물에서 도시미관을 상당히 저해하는 불량 건축물로 인식이 바뀌었으며, 낙원상가처럼 시설 아래에 도로가 설치되어 있는 경우에는 건물을 지지하고 있는 기둥 및 자동차의 안전에도 많은 문제가 발생할 우려를 안고 있다.

또한 위의 여러 복잡한 권리문제와 제도적 뒷받침의 미흡은 신규사업 추진에 어려움을 주고 있는 부분이며, 특히 공익법인과 민간 부분의 사업 추진 관계에 있어 명확한 법적 뒷받침이 부족한 상황이다. 그리고 국지적, 단발적 계획은 시설의 확장 및 개발계획을 어렵게 하고 있으며, 현재 도시계획시설과 비도시계획시설의 공간 범위 설정과 경계 부분의 처리 등의 불명확함은 신규 사업 추진에 어려움을 더 가중시키고 있는 실정이다.

<표 2.2> 도로 및 하천부지 이용 입체적 적용 사례

	청계상가	닉원상가	신촌상가	유진상가
사 례				
규 모	부지 약 13,000평 8개동 상가아파트	연면적 43,207.88㎡ 지하1,지상17층	부지 약 600평 4층 연면적 3,500평	6층 상가 2개동
설치시기	1966년	1967년	1968년	1984년
용 도	상가 + 아파트 복합 건물			
소유 · 토지	청계상가(주)	대일상가(주),서울시	도로점용허가	하천점용허가
소유 · 건물	청계상가(주)	대일상가(주)	신촌상가(주)	유진상가(주)
등기 유	건물	건물	건물	건물
입체적 적용	도로부지를 이용한 주거 및 상업시설		하천부지를 이용한 주거·상업시설	
특이사항	건물부지는 사유지이나 등기 무	국공유지만 도로점용료 부가	도로점용료 납부	고가도로로 기존 상부층 철거

2.3.2 철도차량기지 상부 개발 사례

철도차량기지 상부 개발은 우리나라의 경우 90년대 초 신정지하철 차량기지 상부 개발을 대표적으로 들 수 있다. 이는 차량기지 상부에 인공토지를 조성하여 특정 도시기능을 도입할 경우 도시 공간 간의 연계발전을 유도할 수 있고 부족한 개발 가용지를 확보할 수 있어 긍정적인 측면이 강하다. 또한 차량기지에서 발생하는 먼지 및 소음 방지를 비롯해 지역 단절을 막고, 평면적 시설을 입체적으로 활용할 수 있는 효과적인 방안으로서, 프랑스 및 홍콩에서는 철도차량기지 및 철로 상부에 주거시설 및 업무, 지역주민을 위한 문화 복합시설, 공원 등을 계획하는 등 매우 활성화되어 있는 실정이다. 그러나 우리나라의 경우는 이러한 이점에도 불구하고 현재 차량기지 개발은 양천아파트 이후로는 개발된 사례가 없으며, 몇몇 차량기지가 사업계획 중에 있으나 여러 권리관계 및 제도적 한계점으로 인해 사업 추진에 어려움을 겪고 있다.

〈표 2.3〉 철도차량기지 상부 개발 사례(양천아파트)

<table>
<tr><td rowspan="2">사 례</td><td>양천아파트 전경</td><td>단면도 s=1:300</td></tr>

<tr><td>위 치</td><td colspan="2">서울시 양천구 신정동 261번지</td></tr>
<tr><td>사업 기간</td><td colspan="2">90.12~95.10(인공대지 및 아파트, 학교)</td></tr>
<tr><td>면 적</td><td colspan="2">-인공대지: 23,399평　　　-아파트: 76,916㎡, 15층 16개동
-학교: 10,377㎡(30학급)　　-주차장: 1267면(지상574, 지하693)</td></tr>
<tr><td>도입시설</td><td colspan="2">아파트, 학교, 근린상가, 유치원</td></tr>
<tr><td>사업비</td><td colspan="2">1,305억 원(인공대지618억원, 상부시설 688억원)</td></tr>
<tr><td>시 행</td><td colspan="2">차량기지 상부 임대: 서울지하철공사
인공대지 및 상부시설개발: 서울도시개발공사</td></tr>
<tr><td>주민구성</td><td colspan="2">-도시철거민영구임대 2천 세대
-청약저축가입자 공공임대 998세대</td></tr>
<tr><td rowspan="3">권리
관계</td><td>건설비</td><td>서울도시개발공사가 인공대지 및 모든 건설비용 부담</td></tr>
<tr><td>유지보수</td><td>서울지하철공사는 인공대지 하부 보이는 구간, 서울도시개발공사는
인공대지 상부 및 진입로, 아파트 관계시설</td></tr>
<tr><td>권 리</td><td>서울지하철공사가 토지소유권을 갖고 상부 아파트는 임대 방식</td></tr>
</table>

국내에서 유일하게 철도차량기지 상부를 개발한 신정지하철차량기지 양천아파트는 토지이용의 극대화와 무주택 서민들의 주거안정 및

소형 임대주택을 도시 내 건설공급사업을 시행하게 되었다. 아파트가 15층 건물의 16개동으로 총 2,998세대로 구성되어 있으며 아파트 이외에 상가, 유치원 등 부대시설이 국민 편익을 위해 단지 내에 설치·운영되고 있다. 또한 인공지반을 연결하여 약 10m 정도 떨어진 곳에 인공지반 위 초등학교가 1개소 설치되어 있으며 규모는 약 3,090평 정도로 본 양천아파트 조성으로 증가된 학생 수의 충당을 위해 설립되었다.

양천아파트는 차량기지 위에 조성되었으나 인공대지의 단점을 최소화하기 위해 4m 정도 흙을 복토하였다. 또한 지하철 운행에 따른 진동과 소음을 최소화하기 위해 5km/h의 속도로 운행하며 레일 밑에 고무판을 깔고 침목을 기둥과 분리하는 등의 방법을 취하였다. 차량기지 주변에 방음벽을 설치하고 아파트 구조의 개선 및 적절한 건물배치를 통해 소음의 영향을 최소화 하였다. 실제 양천아파트 단지 내 경관은 매우 양호하였으며 주변 아파트 단지와도 조화를 잘 이루고 있고, 도로에서 단지로 연계되는 보행로 및 차도는 각 방향에 다양하게 조성되어 있어 통행에 지장을 주고 있지 않았다.

본 사업은 인공대지 하부 차량기지와 연결되는 부분은 서울지하철공사가, 인공대지와 상부 단지는 서울도시개발공사에서 관리 및 유지보수 하는 것으로 협의여 운영되고 있는 실정이다. 신정지하철차량기지의 양천아파트는 사업 주체가 둘 다 서울시 산하기관으로서 점용료 등의 권리관계를 일반화 할 수 있는 사례로 판단된다. 그러나 단지 내 있는 임대상가와 개인 사업자가 소유하고 있는 유치원 등의 권리관계가 명쾌히 정리되어 있지 않아 기타 추가적인 사업의 추진에 있어서는 점용료와 임대시설, 분양시설 등에 대한 구체적 권리관계 설정이 필요하다고 본다.

2.3.3 대중교통시설 연계 개발 사례

대중교통시설과의 연계를 통한 입체적 개발 사례는 서울역사와 같은 민자복합역사 형태를 들 수 있다. 이러한 형태는 다양한 용도개발과 더불어 여러 대중교통수단의 환승센터 등의 시설을 비롯해 공공기관과 민간개발이 합쳐진 사례로서 많은 관심을 받았다. 그러나 우리나라 복합역사는 지나친 상업위주의 시설 개발과 공공편익시설의 부족, 비효율적인 환승체계 등 여러 문제점들이 나타나고 있다.

특히 다른 교통수단과의 환승체계에 있어서는 홍콩 쿨롱역의 경우를 보면 지하철, 버스터미널과 경전철이 각각 보행로와 입체화가 되어 이용자들이 안전하고 매우 편리하게 모든 시설들을 이용할 수가 있다. 버스들이 지하부로 내려와 거의 동일레벨에서 지하철과 연계되는 특징과 비교해 보면 많은 한계를 갖고 있다.

또 다른 예로서 센트럴시티나 코엑스 등과 같이 도시철도역을 중심으로 다양한 상업·업무, 비즈니스시설을 집결시킴으로써 도심 공간을 효율성을 높이고 다양한 요구를 수용할 수 있는 형태가 있다. 이들은 도시철도이외의 대중교통수단과 환승체계를 구축하고 극장, 호텔 및 백화점 등 강력한 인구 유입시설을 도입하고, 공개공지를 이용한 이용객들의 편의시설을 확보하고 있으며, 도심상권 활성화에 큰 집객체 역할을 하고 있다.

그러나 이러한 개발이 외국의 것과 크게 다른 점은 역사기능이나 서비스 등의 분화가 전혀 되어 있지 않다는 점이다. 이는 분화가 되었을 시의 동선의 교차를 막고, 명확한 공간의 인지를 통한 역사기능의 원활화, 역사의 지상, 지하, 공중권의 다양한 접근의 방법의 가능성을 배제한 결과를 낳았다.[10) 구체적으로 보면 지나친 상업용 위주의 개발과 불명확한 공간배치로 인한 동선혼잡, 대중교통연계 개념의 미흡, 지역주민을 위한 편의시설 부족, 철도에 인한 지역단절 극복노력 미흡, 지역 랜드마크로서의 역할미흡 등이 역세권 중심 개발의 문제점을 들고 있다. 서울역의 경우 지하철과 버스의 환승레벨이 다르고, 특히 지하철에서 국철을 타기 위해 가는 동선이 매우 길고 복잡하게 되어 있다. 또한 서울역사 정면에 있는 넓은 대로 건너편과의 연계는 서울역사 내부로 연계되어 있지 않고, 외부로 단절될 동선을 구성하고 있어 이용자들에게 불편함을 초래하고 있는 점은 여전히 숙제로 남아있다. 이에 비해 코엑스나 센트럴시티는 환승체계나 시설이 비교적 구축이 잘 되어 있으나, 코엑스는 지하 공간이 가지고 있는 공간적 답답함과 방향감각의 상실 등의 한계가 있으며, 센트럴시티는 경부선버스터미널과 호남선터미널의 연계 및 버스와 택시 승강장의 협소함으로 인한 이용객들의 불편을 증가시키고 있다.

이러한 문제점들을 극복하고, 역사 및 복합용도시설과 대중교통센터의 보다 효과적인 입체적 활용방안을 위해 공중권 및 지하 공간의 활용, 보행자전용 통로 마련, 상업·숙박·문화·업무·주거기능 등 용도를 복합하는 방안들이 제기되고 있다.[11] 물론 이러한 시설들의 도입은 지역 및 시설의 특성을 고려하여 공공성과 환경성, 주민들의 편익성이 확보되는 방향으로 계획되어야 하겠다.

---

10) 정재욱·이인수, 기능의 분화를 통한 복합역사 Concourse의 연계방안에 관한 연구, 대한건축학회논문집 19권, 2003. 6, p.62

11) 어인애, 김강수, 지역특성에 부합되는 복합단지 개발을 통한 철도부지의 입체적 활용연구, 대한건축학회 학술발표논집 제24권, 2004. 4, p.518

<표 2.4> 대중교통시설을 연계 개발 사례

	서울역	코엑스	센트럴시티
사 례			
설치시기	2000	1차 1985,2차 1997	1994
규 모	지하2층, 지상5층 대지 20,503평	총 시설면적 36,000평 임대매장 21,000평	사업부지 62,088㎡ 연면적 266,046㎡
복합용도	도시철도+철도+고속철+상업시설 및 역무시설	도시철도+무역센터+도심공항터미널+호텔, 백화점 등 상업시설	도시철도+노선버스+고속버스터미널+도심공항+백화점·호텔 등 상업시설
기 타	운영 및 경영권은 철도청, 역무시설 및 공용통로는 국가귀속. 영업시설 및 부대설비는 (주)민자역사가 점용	건물은 다발식으로 배치되어있고, 몰과 다른 기능은 분리되어 각 건물군을 몰이 연결시키고 있음	블록 일부를 일시에 건물단위로 개발함

2.4 국내 입체도시계획 적용의 한계

1) 점용부지에 대한 권리문제

우리나라에서 초기의 입체적 개발은 도로나 하천부지 등의 국공유지 점용허가를 받아 계획한 상가아파트 형식의 주상복합건물이라 볼 수 있다. 이는 60년대 후반 불량한 도심경관과 서민층의 도시 내 주거환경 개선 및 주거시설 확보를 위한 대책으로 마련하였는데, 이 당시 도로 및 하천은 공공용지로서 불법 점유하여 상부에 건축물을 건축하고 이후 점용허가를 다시 받아 점용료를 지불한 사례가 대부분이다. 이러한 건축물들은 도로 상부에 위치하고 있어 도로경관을 가로막고

있으며, 개발 자체가 국지적이고 점적인 단계로 이루어졌기 때문에 주
변의 도시환경과 전혀 조화롭지 못하고, 주변 계획과의 연계가 이루어
지고 않아 현재는 도시개발 및 정비의 장애물로 전락하고 있다.

<표 2.5> 낙원상가 토지 및 건물 소유관계

공사 완공 전(합의 조건)		공사 완공 후(현재)	
도로부지	국공유지 - 도로점용허가	도로부지	국공유지(26.3%) - 점용료 부과
	사유지 - 서울시기부채납		사유지(73.7%) - 기부채납 거부, 주차요금 징수
건물소유	(주)대일건설 소유	건물소유	(주)대일건설(53%) - 일반 분양
			(주)낙원상가 47%

특히 낙원상가와 같이 도로부지가 국공유지와 사유지로 나누어질
경우 점유에 대한 서로의 입장 차이가 크고, 상부 건물 입주자들의 토
지에 대한 권리가 전혀 없어 재산권 행사에 문제가 발생하고 있다. 낙
원상가 공사 착수 당시 완공 후의 소유관계에 대한 논의가 있었는데,
공사완공 후 도로는 서울시에 기부채납하도록, 상가아파트는 대일건설
(주) 소유로 하였다. 건물부지(즉 도로부지) 가운데 국공유지에 대해
서는 우선 점용허가를 받고, 당초 사유지로서 서울시에 기부채납된 토
지는 서울시 명의로 등기를 한 후 도로점용허가를 받아 점용하여야
한다는 약정을 체결하였다. 그러나 토지소유자 등은 도로개설에 투입
된 비용 규모를 주장하며 기부채납을 거부하였고, 서울시는 재정부족
등으로 해당 토지를 매수하지 못함에 따라 소유권과 관리권의 귀속주
체가 상이하게 된 것이다.[12) 서울시에서 도로점용료를 부과하자 (주)

12) 최지흠, 서울도심부 공중 공간 활용 건축물의 진단과 계획적 처방에 관한 연

대일상가는 당초 점용허가를 받지 않았음을 이유로 점용료 납부를 거부하였다. 몇 번의 법적 소송절차를 거쳐 「도로법」 제80조의 2 "제40조의 규정에 의한 도로점용허가를 받지 아니하고 도로를 점용한 자에 대해서는 그 점용 기간에 대한 점용료 상당액을 부당이득금으로 징수할 수 있다."라는 규정에 의거 도로점용료를 부과하였으나, 국공유지에 한정된 것으로 결론짓게 되었다.

신촌상가의 경우 하천부지를 점용허가 없이 사용함에 따라 점용료 납부에 대한 법원 판결이 있었다. 현재 복개된 도로는 도로로 신설, 고시되었고 신촌상가 고객뿐만 아니라 일반시민도 자유로이 통행하고 있다. 따라서 신촌상가(주)가 배타적·독점적으로 사용하고 있지 않더라도 신촌상가 건물의 구조상 도로의 상공을 덮게 되어 있는 이상 도로점용으로 본다는 판결에 의해 상가 측은 도로점용료를 납부하게 되었다. 당초 상가 건물의 도로점용 여부를 명확히 하지 못한 점이 나중에 법원판결로 점용료를 납부하게 되는 사태까지 이르게 된 것이다.

국공유지인 도로, 하천, 철도부지 등은 국유재산법에 따라 사권설정이 제한받음으로 사용을 위해서는 도로법, 한국철도공사법, 국유재산법 등에 의해 점용허가를 받아야 한다. 그러나 각각 점용 기간 등 점용허가에 따른 세부규정이 다르고 점용료 산정 또한 일률적이지 않아 도로와 철도 부지를 활용하여 임대·분양 등의 업무·상업·주거시설을 복합적으로 설치하는 경우는 권리관계 설정에 많은 문제가 예상되고 있다.

구, 서울대 석사논문, 2001.

<표 2.6> 점용 관련 법률

법 명	법조항	내 용	특 징
도로법	제40조 ~45조	· 도로의 점용 및 점용료 · 원상회복의 의무, 귀속	· 점용허가를 받기 위한 목적, 장소, 면적, 기간, 공사방법 및 시기, 복귀 방법 등을 명시
	령 제24조	· 점용허가신청 조건 · 점용허가가 가능한 시설 규정	
철도 사업법	제42조~44조	· 점용허가 및 점용료	-
	령 제13조,14조	· 점용허가의 신청 및 점용 기간 · 점용료	· 철근조 및 철근콘크리트 조는 30년의 점용 기간 · 점용료는 철도시설가액 과 사업매출액을 산정 하여 부과

2) 입체도로제도의 제도적 한계

지금까지 입체도로제도를 도입하기 위한 많은 연구[13]가 진행되었으며, 이와 더불어 권리관계에 대한 공중권과 구분지상권 등의 적용 방안[14] 등에 대해서도 많은 논의가 있었다. 이를 바탕으로 국내 입체도로제도는 1999년에 「도로법」, 「건축법」 등을 개정하여 일본의 입체도로제도를 도입한 것이며, 입체도로제도 통해 도로를 결정, 변경할 경

---

13) 국토개발연구원(1995. 12) 입체도로제도 도입방안 연구,
   한국도로공사(1995) 입체도로제도 Q&A,
   서울시정개발연구원(1996. 12) 도로의 입체.복합 정비방안연구.

14) 박진중(1986) 공중권 활용을 통한 철도역 재개발에 관한 연구,
   이종규(1987) 개발권양도제도의 화용에 관한 시론적 연구,
   한국도로공사(1993) 공중권제도연구,
   건설교통부(1995) 지하 및 공중 공간 사용에 따른 보상평가제도 개선방안 연구,
   이재영(1998) 도시 개발에 있어서 공중권 활용 방안에 관한 연구,
   이춘용(2000) 입체도로제도의 활성화 방안,
   한국토지공사(2004) 도시계획운영에 따른 손익조정체계로서의 개발권양도제 에 관한 연구,
   이명훈(2005) 입체도시계획의 필요성과 법적 기초검토.

우 입체적 도로구역 설정에 의해 토지의 상부 및 지하 공간을 효율적으로 활용할 수 있는 근거를 법률적으로 마련한 것이다. 그러나 1999년 도입 이래로 지금까지 입체도로제도를 적용한 도로사업의 대표적인 사례를 찾아보기 힘들며, 이에 대한 사업시행자 및 사업대상지 주민들 역시 이해도가 매우 낮은 것으로 판단된다.

공공용지 중 도로부지가 차지하는 비율이 높고 도심에서 도로 신설에 따른 보상비로 인한 사업비 증가가 심화됨으로써 입체도로제도 도입은 필수불가결하였다. 그러나 「도로법」 및 「건축법」의 일부 법령 신설 및 개정에만 그쳐 실제 제도를 적용하는 데 있어 한계에 계속 부딪치게 되었다. 사유지 및 개인소유의 건축물과의 연계 시 발생되는 권리문제, 시설관리 등 세부적 사항이 제도적으로 미비하고, 국공유지의 사권제한 규정 등 입체도로적용 시 발생되는 문제들의 해결책 마련이 미비하기 때문이다. 즉 실제 사업을 시행할 때 도로용지 등의 상부에는 사권을 설정할 수 없으며, 도로의 지하는 구분지상권의 협의 대상이 되지 않는다. 또한 토지와 건축물이 별개의 권리를 가지는 국내 법적 성격으로는 건물과 도로가 일체가 되어질 경우 토지 및 건축물의 소유권이 누구에게 가는지에 대한 전례나 기준 등이 분명하지 않아 오히려 입체도로제도를 활용하는 것이 사업 진행을 더욱 더디게 만드는 원인이 되고 있다.

특히 우리나라의 경우 입체도로제도를 단계적으로 받아들인 것이 아니라 시대적 필요로 인해 일본의 제도를 도입한 것으로 체계적으로 제도를 활용하기 위한 방안들이 마련되지 못하였다. 일본의 경우 도로는 재단법인인 '道路空間高度化機構'를 통해 도로관련 사업을 여러 방향으로 시도하고 있다. 이러한 노력으로 입체도로제도를 통해서 매우 효과적으로 다양한 사업들을 이끌어 낼 수 있었던 것으로 보인다.

도시계획시설 및 일반 건축물과의 입체적으로 다양하게 사업들을 이끌어내기 위해서는 입체도시계획제도의 정립이 필수적이라 할 수 있지만, 도로시설의 입체화 사업은 이전에 도입된 입체도로제도를 보다 다양한 방향으로 활용하기 위한 방안의 검토가 필요하다고 본다.

3) 철도시설의 입체적 활용의 문제점

국내에서 철도시설은 도로시설에 비해 역세권 개발 및 민자역사 개발, 도시철도역과 지하 공간의 개발 등 여러 형태로 입체적 활용이 있어왔다. 특히 최근에 활성화되고 있는 민자역사 개발은 철도공사가 제공하는 공공성으로 급증하는 역이용객의 수요량을 감안한 운행서비스를 제공, 역사시설의 현대화, 여객편의시설 확충, 지역주민들을 위한 주민편익시설을 제공할 수 있어 철도공사 측에서 이 방식을 추진하고 있는 것이다. 두 번째로 철도경영개선이 국민의 역 이용서비스와 직접적인 연관이 있음을 전제로 했을 때 점용허가한 철도부지에 대한 점용료 징수, 자본금 출자지분에 대한 이익배당 등으로 철도경영개선에 기여할 수 있다. 세 번째로는 역주변의 상권, 문화권 형성으로 여객수요 창출을 유도하고, 그 밖에 효율적인 토지이용, 지방세수를 증대할 수 있을 것으로 보고 있다.[15] 그러나 이러한 철도시설개발은 대부분 철도역의 유동인구의 강한 집객력, 대중교통의 환승 등의 이점들을 통해 사업 투자 이익을 확보하기 위한 상업적 시설만을 위주로 거대하게 팽창되어 왔다. 그래서 오히려 이용객을 위한 공공편의시설 부족, 환승교통체계의 미약함, 불합리한 동선체계와 대규모의 지나친 상업시설 개발은 주변 상권을 오히려 위축, 낙후시키고, 급증한 이용객으로

---

15) 서울시정개발연구원, 국유철도 민자역사 개발에 대한 서울시 정책대응방안, 2002. 03, p.44.

인해 주변 지역에 교통체증이 늘어나는 등의 부작용을 낳았다.

철도시설을 입체적으로 활용하는 방식으로 철도역 이외에 철로 상부를 활용하는 입체적 방식이 있는데, 이는 철로나 철도차량기지 상부에 인공지반을 조성하고 복합용도의 시설물을 설치하거나 철로로 인해 단절된 지역을 연결하고 오픈스페이스의 역할로 지역주민들에게 편의시설을 제공할 수 있다고 볼 수 있다. 그러나 철도부지나 철도차량기지를 활용한 개발은 현재 국내에는 신정지하철차량 기지의 양천아파트 사례밖에 없으며, 철로 횡단보도 조성은 건널목 사업 이외에는 그리 활성화되지 못하고 있는 실정이다.

이는 철도시설소유자, 운영주체(공사), 도시개발사업 인허가자(지자체) 등의 복합적 소유관계 및 이해관계에서 비롯된 것으로 판단된다. 이러한 문제를 극복하고 좀 더 적극적이고 합리적 도시계획시설의 활용을 통한 도시환경 정비의 목적을 달성하기 위해서는 전략적, 정책적 제도의 지원이 수반되어야 할 것이다.

제 3 장 | 국외의 입체도시계획 현황

제3장 국외의 입체도시계획 현황

3.1 일 본

3.1.1 입체도로제도의 개요

1) 입체도로제도의 필요성 및 개념

시가지에서의 고속도로 건설용지 취득에 있어서는 토지 소유자의 현주거지의 활용계획이나 대체지의 취득 어려움에 더하여 고지가나 지역분단 등의 과제가 심각한 장애가 되고 있다. 나아가 귀중한 도시 공간의 고도 이용, 고속도로의 건설과 개발에 의한 지역의 활성화 등 다양한 전개도 최근 절실히 요구되는 사항 가운데 하나이다.

또한 최근에는 종전처럼 고가도로만이 아니라 지하 터널 등 여러 가지 형태의 도로가 만들어지고 있으며 그 한편으로는 도시의 공간이 한층 귀중하게 되어 토지의 효율적 이용을 기하기 위해 건축물 등과 도로와의 병존이 요구되는 실정이다. 따라서 도로와 건축물 등과의 입체적 공존을 인정함으로써 도로와 건물의 건설을 한층 원활하게 하고 더불어 각각의 부담을 경감시키는 역할로서의 장치가 요구되고 있다.

도로로 이용하는 공간과 건물로 이용되는 공간을 서로 조정하고 양자의 공존을 인정하는 새로운 제도인 입체도로제도는 이 같은 배경에서 나타나고 있다. 1988년에 창설된 입체도로제도는 도로법, 도시계획법, 도시 재개

발법 및 건축기준법에서의 도로와 건축물 등의 공존을 가능하게 한 개정조
문에 근거하여 성립하고 있으며, 도로구역을 입체적으로 한정하여 그 이외
의 공간을 자유롭게 이용하게끔 하는 새로운 제도로 자리매김하고 있다.

도시계획에 도로의 구역 가운데 건물의 부지로 병행하여 사용할 수
있는 구역(중복 이용 구역)과 건물의 건축이 가능한 상하의 범위(건
축한계)를 정함으로써 특정 행정청의 인정을 거쳐 도로 내에도 건물
의 건축이 가능하게 되며, 이로써 시가지 환경을 배려한 건물과 도로
의 일체적 정비와 상호의 기능향상을 추진할 수 있게 되었다.

나아가 2000년 12월 5일에 도시계획법 및 건축기준법의 일부가 개
정, 도시계획에 도로 등의 도시시설을 정비하는 입체적 범위를 정할
수 있게 되었으며 도로 등의 정비에 지장이 없다는 사실이 명백한 건
물의 건설에 관한 규제가 완화되었다. 또한 건축기준법상의 도로에 지
하의 일련의 시설이 포함되지 않는 사실이 명문화되었다. 이 법 개정
과 입체도로제도를 조합하면 도심부 등에 있어서 도로와 건물의 일체
적인 정비를 추진하기 용이한 환경이 마련된 것이다.

<그림 3.1> 입체도로제도의 개념도

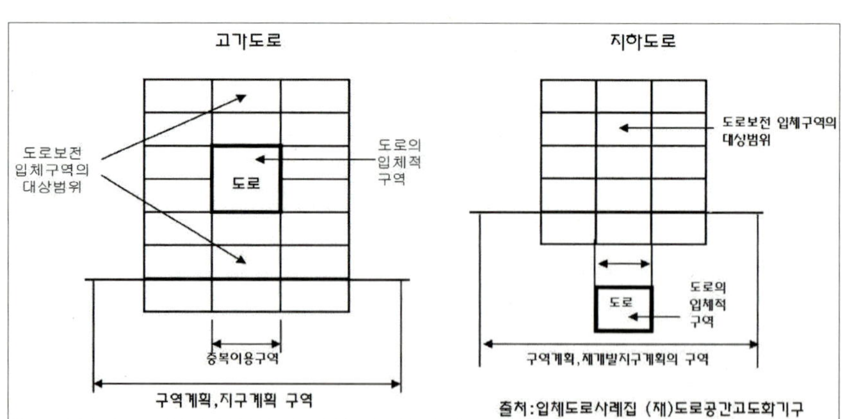

입체도로제도 도입 이전에는 도로의 상하 공간에 건물을 건설하는 것은 양호한 도시환경을 확보한다는 점에서 원칙적으로 금지되고 있었다. 도로법, 도시계획법 및 건축기준법으로 각각 제한되어 있었으며 허가는 매우 한정적이고 예외적인 경우에만 인정되었다. 입체도로제도가 창설됨에 따라 이 제도를 적용하면 이 같은 제한의 일부가 해제되며 도로의 구역을 입체적으로 정하고 그 이외의 공간을 자유롭게 이용함으로써 도로의 상하 공간에 건물을 일체적으로 정비할 수 있다.

이 같은 면에서 보면 입체도로제도라고 하는 것은 도로의 구역 내에 도로와 건축물과의 부지를 병행하여 이용할 수 있는 지역을 정하고 건축물과 도로를 입체적으로 정비하여 토지를 유효하게 활용하는 제도로 볼 수 있다. 입체도로제도는 궁극적으로는 도로용지의 취득방법이며, 종래의 전면 취득방식에 대신하는 필요 공간 매수방식이라는 새로운 용지취득 방법으로 보는 것도 바로 이 같은 이유에서이다.

입체도로를 건설할 경우 토지 소유자에게는 입체도로에 의해 정해지는 공간 이외의 이용은 자유로우나 실제로는 여러 가지 사용상의 제약을 받게 된다. 도로의 상하 공간에 건축행위를 할 경우에 우선적으로 지구계획 등을 작성할 필요가 있는 등 일종의 복합개발의 성격을 띠는 관계로 입체도로제도는 기본적으로 시가지에 있어서 주요 도로의 정비를 하면서 진행된다. 이와 동시에 쾌적하고 양호한 도시나 마을의 환경을 지키고, 올바르고 효율적인 토지 이용을 촉진하기 위해 도로와 건물을 함께 일체적으로 정비해 가는 것을 목적으로 하고 있다.

그러나 현재 입체도로제도가 적용되는 도로는 자동차만의 교통에 사용되는 도로 혹은 이에 준하는 도로(특정 고가도로 등)에 한정되며 일반도로에는 적용되지 않고 있으나 점차 그 영역과 방법이 확대되고 있다.

2) 입체도로제도 적용의 기본 조건

통상의 도로정비는 도로사업자로부터 필요한 도로 용지를 매수(토지 소유권 또는 지상권을 획득)함으로써 진행되어 왔다. 입체도로제도는 도로와 건물을 일체적으로 정비하는 것을 가능하게 한 도로 정비의 특별한 수법이기 때문에 시가지 밀집 지역에서 도로정비 수법으로 유효한 수법이며, 또한 도로의 부지로 결정된 토지의 지권자의 건축물 건설 의향도 진작시키는 수법이기도 하다.

그러나 입체도로제도의 적용을 위해서는 다음과 같은 기본적 조건이 필요하다.

① 지구계획, 재개발 계획, 최저한도 고도지구 및 고도 이용지구 등 그 어느 하나 이상의 도시계획 결정을 행할 것.

② 도로의 신설 혹은 개축과 일체가 되어 행해질 것(즉 기존도로에 대해서는 적용되지 않는다)

③ 도로일체건물의 경우에는 건물 소유자와 도로 관리자 사이에 관리협정을 체결할 것.

④ 도로의 입체적 구역의 결정을 전후하여 지구계획에 있어서 중복이용구역 등을 정하고 나아가 늦어도 도로의 공용 시까지 건축 확인 신청이 이루어질 것.

또한 입체도로제도를 적용하기 위한 구역조건은 다음과 같다.

① 지구계획 또는 재개발 지구계획의 구역 내에서 중복이용구역과 건축제한이 정해진 구역(건축기준법 제44조 1항 3호, 도시계획법 12조 5항, 도시재개발법 7조 8항 2호)

② 최저한도고도지구 또는 고도 이용지구(건축기준법 제44조 항4호, 동 시행령 145조2항)

한편 입체도로제도의 건축물에 대한 기준은 다음과 같다.

① 주요 구조물이 내화구조일 것.

② 내화구조로 처리한 바닥, 벽, 상시폐쇄식의 갑종 방화문 등으로 도로와 구획되어 있을 것.

③ 도로의 상공에 설치된 건축물에 있어서는 옥외에 면하는 부분에 유리(網入 글라스 제외), 벽돌, 타일, 콘크리트 블록, 식석(飾石), 테라코타 등의 재료를 사용하지 말 것. 이들 재료가 도로상에 낙하할 염려가 없는 부분에 대해서는 이 제한은 적용되지 않는다.

3) 입체도로의 개념 및 기본 적용 시스템

(1) 입체도로의 정의

입체도로는 토지 이용의 증진과 공익시설의 확충으로 공공복리를 증진하기 위하여 도로가 속해 있는 동일한 토지의 지상, 지하 및 공간에서 도로와 건물 등 2개 이상의 시설을 입체적으로 설치하는 것으로 정의하고 있다.16)

입체도로는 토지 소유 상태에 따라 공공이 소유하고 있는 도로부지 내의 도로 상부 공간 또는 하부 공간에 건축물을 설치하는 경우와 민간이 소유하고 있는 사유지에 새롭게 도로를 건설하거나 확장 또는 개량할 때 도로부지를 전면적으로 매입하지 않고 도로 구역을 사유지의 상하 공간의 일부에 국한하여 입체적으로 결정하여 그 나머지 도로 공간을 제외한 부분을 사유지로서의 건축 행위가 가능한 패턴 등 크게 두 가지로 대별된다. 사유지의 일부를 도로로 이용하는 패턴은 지가가 높은 도심 지역의 간선도로 확충을 위해 도로가 통과할 수 있는 특정 부분만을 도로구역으로 확보하여 보상한 후 도로를 건설하는 유형을 말하며 일반적으로 이 경우를 입체도로제도의 도입을 위한 협

---

16) 국토개발연구원, 입체도로제도 도입방안 연구, 1995, 12, p.29-31.

의의 입체도로로 정의하고 있다. 이 경우 사유지에 대한 보상 방법은 일본의 경우 구분지상권을 적용하고 있다.[17]

(2) 입체도로제도의 기본 계획 및 시스템

도로 관리의 적정한 실시에 지장이 없는 범위에서 도로의 구역을 입체적으로 한정함으로써(도로의 입체적 구역) 도로의 상하 공간을 건물 등에 개방되어 이용할 수 있게끔 종래의 토지이용 제한(사권제한 및 점용허가)의 적용을 제외한다.

시가지 환경을 배려하는 도로와 건물의 일체적 정비를 추진하기 위하여 일체적 정비를 행해야 하는 지역(중복이용구역)과 건축 등의 한계를 도시 계획(지구계획 등)에 있어서 그 위상을 설정하고 건축물의 도로 내 건축제한의 합리화를 기함으로써 도로의 상하 공간에서의 건축이 가능하게끔 하였다.

4) 입체도로제도 이전의 도로와 건물의 일체적 정비

입체도로제도가 일반화되기 전에도 몇 몇 계획에서 도로와 건물의 입체적 이용이 이루어지고 있었다. 일종의 일체적 정비라 볼 수 있는 이 같은 사업은 주로 도로의 고가하부를 사무소나 점포 및 시장 등으로 이용하는 패턴이 주류를 이루고 있으며, 이 밖에도 도시 정비나 미관 형성에 도움이 되는 주차장이나 공원 및 광장 등의 용도로도 개발되는 경우가 있었다.

이 같은 개발은 초보적 단계의 입체개발로 볼 수 있으며 시가지의 귀중한 공간 활용과 함께 고속도로 건설에 의해 변화하는 지역의 환경

---

17) 미국의 경우는 공중권(空中權)을 적용하고 있다. 이춘용, 입체도로의 활성화 방안, 대한국토도시계획학회 추계학술발표대회, 2005.

이나 시설을 보완하고 나아가서는 지역의 활성화에도 어느 정도 기여하고 있었다. 그 가운데에는 건물의 상부를 도로가 지나가고 있는 셈바(船場) 센터 빌딩이나 건물의 가운데를 도로가 지니고 있는 아사히신문사 빌딩처럼 대도시의 입체도로 형성 및 일체적 정비의 선구적인 사례도 존재하고 있다. 이 같은 일련의 계획들은 도로와 건물 등의 중복 정비가 법령으로 제한되어 있는 가운데 지역이나 공공 건축물 등의 정비계획과의 조정을 통하여 고도이용을 기하며 도로의 정비를 원활하게 진행시키기 위해 추진된 몇 안 되는 예라 할 수 있다.

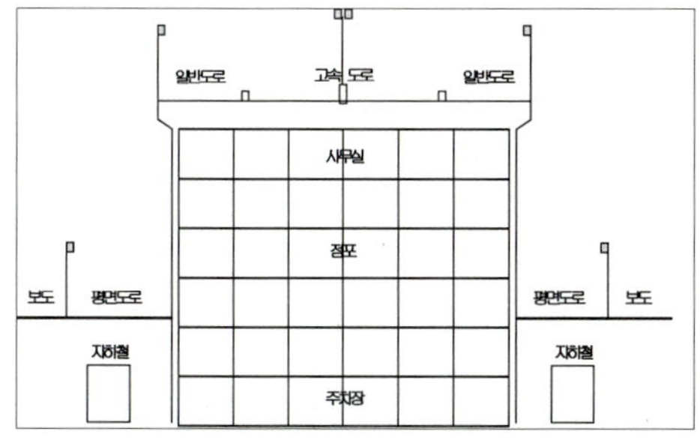

〈그림 3.2〉 셈바(船場) 센터빌딩의 모습. 상부는 한신고속도로

그러나 도로의 상하부 공간의 이용에는 엄격한 제한이 있었기 때문에 도로 공간의 점용(占用)[18]이라는 수법으로 이루어진 이 같은 사례에 있어서는 점유자의 입장은 불안정할 수밖에 없었다.

일례로 셈바 센터 빌딩의 경우 도로가 건물의 상부에 놓이는 관계로 점유자는 도로 존속기간 중 건물의 기둥이나 보를 무상사용하는 권리를 계약에 의해 확보하는 반면 건물의 기둥 등에 대한 구조적 보강비를 부담하는 등의 사후 조치가 필요하게 된다.

---

18) 기본적으로 도로에 있어서는 지하부터 상공까지 미치는 도로구역이 설정되어 있으며, 공작물 등을 설치하여 그 공간을 단속적으로 사용하기 위해서는 도로관리자로부터 점용의 허가를 받아야 한다. 그러나 이 허가에는 어디까지나 도로의 관리나 안전성에 지장이 없어야 한다는 사실이 전제가 되고 있기 때문에 규정상 도로관리자와 동등의 관리 능력을 지닌 자일 것 혹은 일정 기간마다 심사나 허가를 받을 필요가 있을 것(고가 하부의 점용 등의 경우) 등 여러 가지 제한이 있었던 것이 사실이다. 또한 도로 기준법 등의 관련 법령에 적합한 것이 아니면 허가를 득할 수 없었다.

5) 건축물 등의 건축 등에 있어서 도로 측의 관여 범위

입체도로제도는 도로 측이 그 상하 공간 사이에 건축되는 건물의 건설에 참여하거나 비용을 부담하는 것을 가능하게 한 제도가 아니라 도로 측은 토지 소유자가 건물을 구축할 수 있게끔 도로구역을 한정하고 그 구역에 상응하는 권원만을 취득하는 제도이다. 도로 측이 건물을 건축하는 것은 일반적으로 불가능하다. 또한 도로 건설을 위해 광역 지역에서의 도시 만들기를 생각해야 할 필요가 있을 경우에는 예를 들면 시가지 재개발을 포함한 보다 광범위한 면적정비의 수법을 검토할 필요가 있다.

3.1.2 입체도로제도의 법적 범위와 내용

입체도로제도는 시가지에서의 지가의 앙등이나 대체지 취득의 어려움 혹은 지권자의 현지주거 지향 의지가 높은 이유로 용지취득이 어려워지고 시가지에서의 도로정비가 원만하게 진척되지 않는 근년의 상황을 타파하고 공간을 입체적으로 활용하기 위하여 창설된 것이며[19], 원래는 도쿄의 미나토구(港区) 토라노몽 부근의 환상(環狀) 2호선의 건설촉진을 상정하여 만들어진 제도이다.

종래의 제도로서는 도로의 상하 공간에 있어서의 건축물 등의 축조는 원칙적으로 금지되었으나, 1988년에 창설된 입체도로제도에 의해 도로의 구역을 입체적으로 정하고 그 이외의 공간 이용을 자유롭게 함으로써 도로 상하의 건축물의 축조가 가능하게 되었다.

입체도로제도의 기본 구성은 도로법, 도시계획법, 도시재개발법 및 건축기준법에서 정해진 범위로부터 성립하고 있으며 입체도로제도에

---

19) http://www.ktr.mlit.go.jp/kitasyuto/09daiziten/con__09ra.htm

관한 각 법령의 개정 내용을 간략하게 정리하면 다음과 같다(표-3.1 참조).

〈표 3.1〉 입체도로제도에 관한 각 법령의 내용

법 령	입체도로에 관한 내용의 개요
도로법	−도로의 신설 혹은 개축을 행하는 경우에 있어서 적정하고 합리적인 토지이용의 촉진을 기하기 위해 필요하다고 인정되는 경우에는 도로관리자는 도로구역을 입체적으로 한정할 수 있다. −입체적 구역을 정한 도로의 부지에 관한 권한은 원칙적으로 구분지상권(區分地上權), 예외적으로 도로일체건물은 공유지분(共有持分)으로 된다. 이에 따라 토지의 소유자는 도로의 입체적 구분 이외의 공간에 대하여 도로에 지장이 없는 한, 자유롭게 사권(私權)을 행사할 수 있다. * 도로일체화 건물: 구조적으로 도로와 건물이 하나가 되어 건물이 도로를 지지하는 형태가 되고 있는 것을 도로일체화 건물이라고 한다.
건축기준법	−입체도로제도를 활용할 경우는 지구 전체의 정비를 한정한 하기 중 어느 조항의 도시계획결정이 필요하다. 1. 지구계획 혹은 재개발 지구계획 2. 고도지구 또는 고도이용지구 −재개발 지구계획에 의해 입체도로 정비를 행할 경우는 주변의 공공시설의 정비 상황을 감안하고, 용도 지역에 관한 도시계획에 한정된 용적률을 초과하는 용적률을 설정하는 것도 가능하다.
도시계획법/ 도시재개발법	−입체도로제도를 활용하여 도로 내에 건물을 건축할 경우는 도로와 건물의 일체화 정비에 대하여 도시계획이 결정될 필요가 있다. −지구계획이나 재개발 지구계획에 있어서 이 제도를 활용하는 경우는 그 도시계획을 결정할 때 중복이용구역(重複利用區域)과 건축의 경계를 설정하는 수속을 거쳐 도로 부분과 건물 부분을 평면적으로도 입체적으로도 구분 및 확정하고 도시계획에 있어서 각각의 공간을 확보할 필요가 있다. −도시계획상 토지의 고도 이용을 기해야 하는 지역으로 되어 있는 고도지역이나 고도 이용 지역에 있어서도 입체도로제도의 운용이 가능하다.

* 입체도로제도가 적용되는 도로는 자동차만의 교통용으로 제공되는 도로 혹은 이에 준하는 도로(특정 고가도로 등)에 한정되며, 일반도로는 적용되지 않는다.

우선 도로법에서는 종래처럼 도로구역을 상하 공간의 전역에 한정하는 것이 아니라 도로의 신설 혹은 개축을 행하는 경우에 있어서 '적정하고 합리적인 토지이용의 촉진을 위해 필요하다고 인정될 경우'는 도로관리자는 도로구역을 입체적으로 한정할 수 있게끔 개정되었다. (도로법 제47조 5항)

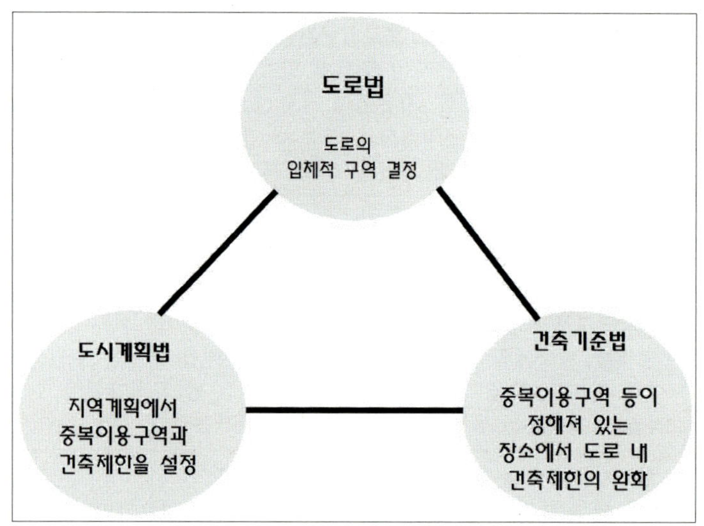

<그림 3.3> 일본 입체도로 및 도시계획제도 관련 법률 관계도
(출처: 도로공간고도화기구)

입체적 구역을 정한 도로의 부지에 관한 권원은 원칙적으로 구분지상권, 예외적으로 도로일체건물은 공유지분으로 된다. 이에 따라 토지의 소유자는 도로의 입체적 구역 이외의 공간에 대하여 도로에 지장이 없는 한 자유롭게 사권을 행사할 수 있게 되었다. 또한 도로보전입체구역에 대해서는 도로의 구조를 보전하고 또는 교통의 위험을 방지하기 위해 필요하다고 인정될 경우 상하의 범위를 정해서 지정할 수

있게 되었다(도로법, 47조 9항)

다음으로 도시계획법에 대해서는 입체도로제도를 활용하여 도로 내에 건물을 건축할 경우는 양호한 시가지 환경의 유지 및 증진을 기하기 위해 도로와 건물의 일체적 정비에 대하여 도시계획이 결정될 필요가 있다.

특히 지구계획이나 재개발 계획에 있어서 이 제도를 활용할 경우는 그 도시계획을 결정할 때 중복이용구역과 건축의 한계를 설정하는 수속을 거쳐 도로 부분과 건물 부분을 평면적 및 입체적으로 구분 확정하여 도시계획에 있어서 각각의 공간을 확보하게끔 되어 있다(도시계획법 12조 5항, 도시재개발법 7조 5항 2호). 또한 도시계획상 토지의 고도이용을 기해야 하는 지역으로 설정되어 있는 고도지구나 고도이용지구는 입체도로제도의 이념과도 일치하는 지역이기 때문에 이 제도를 적용할 수 있다.(건축기준법 44조, 동법 시행령 145조)

2000년 5월 도시계획법 및 건축기준법의 일부 개정에 의해 적정하고 합리적인 토지이용을 위해 필요하다고 인정되는 경우는 도시계획에 도로 등의 도시시설을 정비하는 입체적 범위(공간 또는 지하)를 정할 수 있게 되었다. 이 경우에 있어서 지하에 해당범위를 정할 때는 최소한도(最小限度)와 재하량(載荷量)의 최대한도를 함께 정할 수 있게 되었다.(도시계획법 11조 3항) 나아가 지하에 해당범위를 설정하고 이격거리의 최소한도와 재하량(載荷量)의 최대한도를 정한 도로 등의 도시시설의 구역 내에 있어서 행해지는 건물의 건설에 대해서는 해당 이격거리와 재하량의 제한에 적합한 것은 도지사 및 각 지자체 장의 건축 허가가 필요 없게 되었다.(도시계획법 53조 1항 4호)

이는 도로 등의 도시시설을 정비하는 입체적 범위를 도시계획상 명확하게 하고 건물의 건설이 도로 등의 도시시설의 정비에 지장을 초래하지 않는다는 명백한 경우에는 건축에 관련된 허가를 생략함으로써 건물 건설의 자유도를 높이고 적정하고 합리적인 토지 이용의 촉진을 기하고자 하는 것이다.

건축기준법에 대해서는 종래 도로의 상하 공간에는 원칙적으로 건물은 건축될 수 없었으나, 입체도로제도 창설에 의해 일정한 수속을 거쳐 이것이 가능하게 되었다. 그러나 모든 범위에서 가능한 것이 아니라, 법률상 가능한 경우는 지구계획 또는 재개발 지구계획의 구역내(건축기준법 44조 1항 3호)와 최저한 고도지구 또는 고도 이용지구내(건축기준법, 44조 1항 4호, 동법 시행령 145조 2항)에 제한되어 있다. 따라서 입체도로제도를 활용하여 건물을 축조할 경우 그 건축 장소가 설령 작은 범위에 걸쳐있다 하더라도 제도의 활용에는 기본적으로 지구 전체의 정비를 상정한 도시계획 결정이 필요하다.

또한 입체도로제도를 활용하여 도로 내에 건축하는 건물은 주요 구조부가 내화구조 등이며, 특정 행정청이 인정 또는 허가한 것으로 되어있다(건축기준법 44조 1항 3,4호, 동법 시행령 145조 1항 1호 및 3항). 단, 노외주차장 같이 도로법상 도로이라 해도 건축기준법상 '도로의 기능을 지니지 않는다'고 인정되는 것에 대해서는 건축기준법상의 제한은 적용되지 않는다.

2000년 5월 도시계획법 및 건축기준법상의 도로에 지하에 있어서의 특정 공간이 포함되지 않는 것이 법령상 명문화되었다(건축기준법 42조). 터널형의 도로가 지하의 있어서의 특정 공간이라고 판단되면 당해 지하 도로의 상부에는 건축기준법상의 도로 내 건축제한은 적용되지 않는다. 그러나 구체적으로는 개별사례 별로 특정 행정청이 판단하게 된다.

3.1.3 입체도로제도의 적용 패턴

1) 입체도로의 유형

입체도로제도에 의한 도로와 건물의 정비 형태에는 도로와 건물의 구조적인 의존관계를 도로 측으로부터 본 관점에 따라 도로일체건물과 분리 구조형으로 대별할 수 있으며, 도로구역이 결정되는 공간적 범위에 따라 도로와 건물의 배치 형태를 기준으로 건물관통형, 터널형 (지하 차도) 및 고가형으로 분리할 수 있다.

〈그림 3.4〉 분리구조형과 도로일체건물형

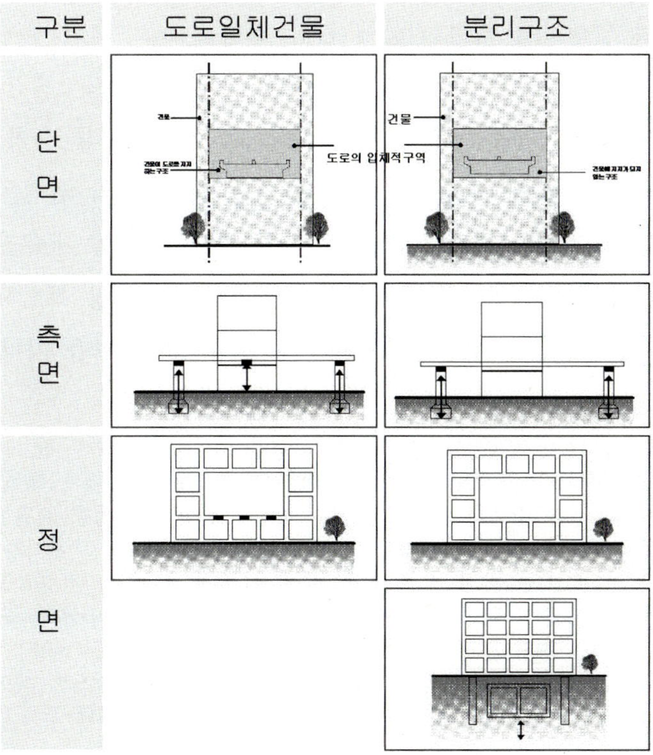

우선 분리구조는 도로 구조물과 건물이 구조적으로 독립되어 있는 경우를 지칭하며 도로일체건물은 도로가 건물에 역학적으로 의존하고 있는 상태를 의미하며 구조적으로 도로와 건물이 일체가 되어 건물이 도로를 지지하는 형상으로 되어 있는 형상을 말한다. 건물의 기둥 등에 도로가 올려져 있는 형상이 대부분이며 도로가 건물을 교각 대신 사용하고 있는 경우 등에서는 건물의 붕괴가 곧 도로의 붕괴로 이어지게 된다. 이는 지상 도로와 건물에만 해당하는 것으로 지하 도로상에 위치한 건물에 대해서는 도로일체건물로 간주하지 않고 있다.

일반적으로 토지의 소유 형태에 따라 도로 공간의 활용에 대한 건물 또는 시설의 용도와 소유권(혹은 사용권)의 권한이 달라진다. 토지에 관한 권원은 분리구조에서는 도로 측에 구분지상권이 건물 측에 소유권이 발생하게 되며 건물에 관한 권원은 도로 측의 권원은 존재하지 않고 건물 측의 소유권만이 유효하게 된다. 도로일체건물에서는 도로의 권원으로서는 토지에 대해서는 도로 측 및 건물 측이 공히 공유지분을 소유하게 되며 건물에 대해서는 도로 측의 권원은 건물의 소유자와 계약하는 도로일체건물에 관한 협정(도로법 제47조 6항)[20]에 기초하여 사용 권리를 취득한다. 이 협정은 법률상 특별하게 취급되며 새롭게 건물 소유자가 된 대상에 대해서도 효력을 지니게 된다.

---

20) 도로일체건물에 관한 협정은 도로의 구역을 입체적 구역으로 한 고로와 해당 도로의 구역 외에 신축된 건물이 일체적인 구조로 되는 것에 대하여 도로의 관리자와 건물 소유지 간에 체결되는 협약을 말한다. 협정을 체결한 경우 도로 관리자는 그 취지를 공시한다. 또한 여기서 말하는 도로 관리자란 지정구간(指定區間)(政令에서 정한 구역) 내의 국도에 있어서는 건설교통부장관이, 지정구간 이외의 국도에 있어서는 都道府縣 또는 지정 시(市), 시(市) 이하의 경우에는 해당 장(長)을 의미한다.
도로일체건물에 대한 협정은 그 협정이 공시된 후에 그 대상이 되어 있는 도로일체건물의 소유자가 된 자에 대해서도 그 효력을 지니게 된다.(도로법 33항 제1조)

또한 관리 등의 문제도 협정의 내용에 삽입하게 된다. 한편 건물 측의 권원으로는 분리구조와 마찬가지로 소유권이 부여된다.

또한 도로구역이 결정되는 공간적 범위에 따른 분류 가운데 건물 관통형은 건물 내 일부 공간에 도로가 통과하는 형태를 말하며 터널형은 지표 또는 건물 하부의 터널 등의 형태로 도로가 관통할 경우, 그리고 고가형은 건물 상부에 고가도로가 통과하는 형태를 말한다.

3.1.4. 입체도로 정비의 효과

입체도로제도의 합리성 여부와 향후 적용 가능성 등은 기존의 입체도로정비의 효과를 살펴봄으로써 어느 정도 추측 가능하다.

1) 도로 공단 측의 평가

한신 고속도로 공단이 2002년 4월에 개통한 15호선 미나또마찌 출입구 북 출구공사의 경우를 보면, 우선 미나또마찌 진입로의 이설에 따라 기존의 미나또마찌 합류부의 복잡했던 교통 흐름의 해소와 미나또마찌 출구의 신설에 의한 도심으로의 접근의 편리성 등이 가장 중요한 효과로 제시되고 있다.[21] 역시 한신 고속도로공단 오사카 지부의 발표를 보면 15호선 출구를 신설함으로써 기존의 1호 환상선(環狀線) 서측(북행)에서 발생하는 정체가 개통 전에 비해 약 2/3로 감소하고 있다. 구체적으로 보면 개통 직전인 2001년 9월에는 정체량 3160kmx시/6개월)이던 것이 개통 직후인 2002년 9월에는 2030(kmx시/6개월)으로 약 36%가 감소하고 있다. 나아가 정체가 발생한다 해도 고속도로로부터

---

21) 한신고속도로 오사카 지부가 발표한 내용에 근거함. 자세한 내용은 하기 HP 참조 http://www.osaka.hepc.go.jp/

일반도로로 차선을 변경할 수 있어 이 또한 이 지역의 정체 해소에 큰 도움이 되고 있다는 사실도 주요한 요인 가운데 하나이다.

또 하나는 소요시간의 단축을 들 수 있다. 미나또마찌 출입로 개통에 의해 15선과 연계되어 있는 1호 환상선에서는 약 2.4분, 마츠바라선(松原線)에서는 약 2.9분, 합계 약 5.4분의 소요시간이 단축되고 있는 것으로 나타나고 있다.[22]

이상의 결과는 곧 도로 정체 해소에 따른 경제적 이익에 자연스럽게 연계되고 있다. 한신 고속도로 오사카 지점의 발표에 의하면 정체 해소에 의한 소요시간 단축으로 발생하는 경제적 이익은 개통 전 1,610만 엔/일(日)이었던 손실액이 개통 후에는 1,030만 엔/일로 줄어들었으며, 결과적으로는 1일 약 580만 엔, 1년에 약 12억 엔 이상의 경제적 효과를 초래하고 있는 것으로 나타나고 있다.

〈그림 3.5〉 미나또마찌 출입개통 전후 정체상황변화(좌) 및 정체 손시액(우)(출처: 한신고속도로)

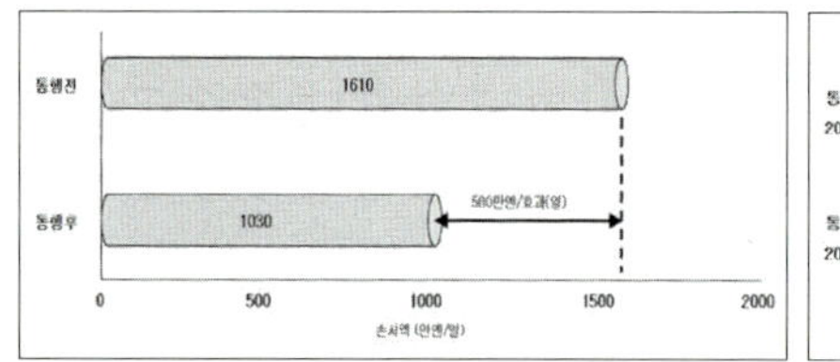
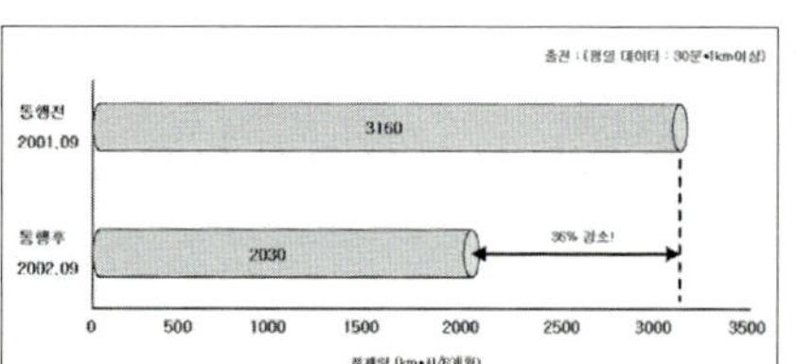

3.1.5 입체도시계획으로의 연계

입체도로제도는 도시 전체적인 측면에서 본다면 특정 경우에 한정되는 점적 개발방식이라 할 수 있다.[23] 그러나 입체도로제도의 결과

---

22) 반면, 사카이선(堺線) 상행선의 경우는 약 4.3분의 증가하고 있다.
23) 이춘용 위 전게서 p.742.

파생되는 간선도로 등의 설치는 자연적으로 그 지역에 대한 접근성을 향상시키며 결과적으로는 도로 이용자뿐만 아니라 그 지역 주민에게도 영향을 끼치는 관계로 도로와 인접 지역의 개발을 일체적으로 고려하는 면적 개발방식을 검토할 필요가 있다.

도시의 규모가 커지고 고밀하게 이용됨에 따라 도시의 평면적인 이용 개념은 한계를 보이고 있으며 이에 대한 해결방안이 절실하게 요구되고 있는 실정이다.

입체도로의 공간적 연장으로서의 입체 도시 및 입체 도시계획은 토지를 합리적으로 이용하기 위하여 공간적인 측면에서의 특정점을 기준으로 공간적 상하에 다른 종류의 용도를 지정하는 것을 의미한다.[24] 입체 도시계획은 2002년 개정된 도시계획법, 도로법 및 건축법의 개정과 함께 등장한 개념으로 입체도로제도의 공간적 연장선상에 위치하는 것으로 이해할 수 있다.[25]

3.1.6 입체도시계획제도

1) 입체도시계획 도입 배경

일본의 입체적도시계획의 제도화 경위를 살펴보면 도시시설에 관한

---

24) 이 명훈, 입체도시계획의 필요성과 법적 기초, 도시학술위원회 제1차 정기학술 워크숍, p.3.

25) 도시계획법의 도시계획시설에 관한 규칙 제1장 3조에서 규정하고 있는 "도시계획시설의 중복 용도지정"과 제4조에서 규정하고 있는 "도시계획시설의 입체적인 설치" 등의 내용으로 인해 우리나라에서도 본격적으로 입체 도시계획이 가능하게 되었다. 이로써 토지를 합리적으로 이용하기 위하여 필요한 경우에는 둘 이상의 도시계획시설을 같은 토지의 지하, 지상, 수상, 수중 및 공중에 함께 결정할 수 있는 법적인 가능성이 확보되었다.

도시계획은 토지이용계획, 시대지개발사업의 도시계획과 나란히 1968년 주요 법의 하나로서 도시에 필요한 도시시설의 위치와 규모를 미리 명시적으로 정하는 일로서, 이후 적절한 토지이용을 유도하고, 장래 시설정비사업에 장애가 없도록 하여 당해 구역 내의 토지에 건설되는 건축물에 대해 제한을 하도록 하였다.(도시계획법제53조, 54조) 이 시스템은 장래 필요한 도시시설의 공간확보 등에 크게 기여하고 있으나, 지금까지 시설 구역은 평면개념으로서 모든 건축물에 건축제한이 해당된다고 보인다.

또한 일본은 입체도로제도를 도입한 후 여러 사업을 통해 도심에서 교통문제 해결, 도로용지 매수비 절약으로 인한 사업비 절감 등 많은 효과를 얻었다. 그러나 이후 입체도로제도의 결과 파생되는 여러 간선도로 등은 인접 지역의 접근성 및 도로 이용자와 지역주민의 불편함이 가중됨에 따라 도로뿐만 아니라 인접 지역과의 개발을 위한 방식을 고려할 필요가 생기게 되었다.

이러한 한계로 인해 1999년부터 새로운 도시계획제도에 대한 논의를 실시하고 몇 차례에 걸친 회의를 거쳐 도시시설의 입체적인 정비에 관한제도의 필요성으로 2000년 12월 도시계획법의 개정 가운데 입체도시계획제도가 도입되었다.

2) 입체도시계획의 법적 범위와 내용

기존의 도시계획법에 있어서는 입체적인 시설의 상하 공간에 건축물을 건축하는 경우, 법 제53조의 건축허가를 받고 건축행위를 하였으나, 그 도시시설 자체가 평면 또는 입체시설 일지에 대해서는 도시계획상 명확하게 구분되어 있지 않았으며, 그 건축허가의 기준도 명확하지 않았기 때문에 기성시대지를 재정비하기 위한 도시계획제도와 도시시설에 관계된 도시계획, 재개발사업, 토지구획정리사업 등 여러 사업을 추진하기 위해 2000년 5월 입체도시계획제도를 도입하게 되었다.

<표 3.2> 입체도시계획제도의 개정 내용

법령	내 용
도시계획법	−도로 하천 등 기타 도시시설에 대해서는 합리적인 토지이용을 위해 필요가 있을 때에는 당해 도시시설 구역 지하와 공간에 대해 도시시설을 정비하는 입체적인 단위를 도시계획에서 정할 수 있다. 이 경우 해당범위를 정할 때에는 최소한도와 재하량의 최대한도를 함께 정할 수 있게 되었다.(제11조 3항) −지하에 해당범위를 설정하고 최소한도와 재하량의 최대한도를 정한 도로 등의 도시시설의 구역 내에 있어서는 도지사 및 각 지자체의 건축허가가 필요 없게 되었다.(제53조 1항 4호) −건축물이 입체적 단위로 결정된 지역이나 지역 외에 설치되었을 때 당 입체적 시설물에 지장을 초래하지 않으면 허가한다.(제54조 2항)
건축기준법	−도로의 정의 개정에 지하에 설치되는 소위 터미널 구조를 도로로 보지 않고 특정 공간으로 판단되면 도로 내 건축제한은 적용되지 않는다.(제42조) −건축물 또는 부지를 조성하기 위한 옹벽은 도로 안이나 도로에 건축, 돌출되어서는 안 되나, 다음의 사항들은 포함되지 않는다. 지하에 설치된 건축물, 통행에 지장이 없는 공익 건물, 지구계획과 재개발지구계획의 구역 내에 도로와 고속도로의 상공과 밑에 설치된 건축물 등(제44조)

개정 내용으로는 입체도시계획제도를 활용할 수 있도록 도시시설에 관한 도시계획에 당해 시설을 정비하는 입체적인 단위를(최소한도와 재하량의 최대한도를 함께 지정)지정하였다. 또한 입체적 단위 및 최소한도와 재하량의 최대한도를 정한 도로 등의 도시시설의 구역 내에 있어서는 도로 및 건축물의 허가를 완화하는 규정 및 통행에 지장이 없거나 각 지구계획 구역 내에 도로 등의 상공과 밑, 지하에 설치된 건축물에 대한 건축제한 완화하는 규정을 마련하였다.

3) 도시시설의 입체도시계획

입체도시계획은 법 제11조 제3항에 대해 도시시설을 정비하는 입체적인 범위 등을 정할 수가 있다고 여겨지고 있는 (곳) 중에 있지만 이것은 도로, 하천 그 외의 도시시설에 대해 해당 도시시설을 정비하는 입체적인 범위를 도시계획상 명확하게 결정하여 도시계획시설의 구역 내에서 만나도 건축 행위가 해당시설의 정비에 현저한 지장이 미치지 않는 것이 분명하다고 생각되는 경우는 건축제한을 적용 제외 또는 건축을 허가하는 것을 사전에 명시하는 것으로써 건축의 자유도를 높이고 적정 또한 합리적인 토지이용의 촉진을 꾀하는 것이다.

도시계획법 제11조 제3항의 '적정 또는 합리적인 토지이용을 꾀하기 위해 필요가 있을 때'란, 구체적으로는 도시시설을 건축물과 동일한 토지의 구역 내에 입체적으로 정비하는 것으로 복합적인 토지이용 및 해당 도시시설의 필요한 기능을 확보하면서 그리고 주위의 환경을 해치는 일 없이 토지의 유효·고도이용, 도시 기능의 유기적인 제휴, 매력적인 도시 공간의 창출 등의 요구에 응하는 것이 가능해질 때이다. 이때 도시 내에 있어서의 오픈 스페이스의 필요성이나 시설의 복합적인 토지이용을 실시하는 경우의 장래의 관리의 문제 등에 대해서도 충분히 검토하여 입체적인 범위를 정해야 하는 것이다.

입체도시계획은 입체적인 범위를 정하기 위해 도시계획법 제11조 제3항의 도시시설을 정비하는 입체적인 범위는 해당 도시계획시설의 구역 내에 있어서의 건축물의 건축 행위가 도시시설의 정비에 지장이 되지 않게 미리 필요한 공간을 담보하는 것이라고 하는 관점으로부터 해당 도시계획시설이 점유하게 되는 공간을 정하는 것이 바람직하고, 해당 도시계획시설의 유지 관리에 지장을 일으키지 않게 도시시설을 정비하는 입체적인 범위에 유지 관리에 필요한 범위를 포함해 정하는 것이 바람직하다.

 기존의 도로구역 내에서 입체도시계획을 정할 필요가 있을 때에는 장래 정비하는 도시계획시설의 구역 내에 있어 미리 도시계획법 제53조에 규정하는 건축 제한을 제외할 필요가 있을 때 등이며, 건축이 통상 해해지는 것이 상정되지 않는 기존의 도로구역 내에서 도시시설을 정비하는 입체적인 범위를 도시계획에 정하는 것은 상정하고 있지 않다.

 또한 도시계획법 제11조 3항에 의해 이격거리의 최소한도와 재하중의 최대한도를 결정하여 도시계획시설 구역 외에 건축물 등을 제한할 수 있다. 이와 더불어 도시시설을 정비하는 입체적인 법위를 공간으로써 담보하는 것이 가능하거나, 도시시설을 정비하기 위한 공사 등의 실시를 현저하게 방해하는 것이 아니고, 도시시설의 구조에 영향을 미쳐 그 기능을 해칠 우려가 없는 것은 도시계획법 제54조 제1항의 조건에 해당되어 건축허가의 절차가 용이하게 된다.

4) 입체도시계획제도 도입 전·후의 도시시설의 적용 차이

 입체도시계획제도 도입 전에는 도시시설과 민간시설의 구분지상권 설정과 점용을 통한 공간 활용만 가능하였으며, 각 시설의 관리자가 정비·관리하는 것이 일반적이었다. 또한 건축물과 일체적으로 정비되는 주차장과 자동차터미널 등은 민간사업자가 상업시설 등의 일부로서 정비·관리하든지, 아니면 공적기관이 민간건축물과 일체적으로 정비하고 나서 협정 등으로부터 재산을 담보하는 경우가 대부분이었다.

 입체도시계획제도를 도입 한 후에는 도시시설과 민간시설의 공간적 범위 결정이 가능하게 되어 도시시설의 입체적인 범위가 도시계획상 명확하게 결정할 수 있게 되었다. 또한 시설의 상하 공간에서 건축을 한 민간건축주 입장에서는 건축허가가 불필요하게 되거나, 또는 허가

기준의 명확화를 도모할 수 있어 건축의 자유도가 높아지며, 적정하고 합리적인 토지이용을 촉진하는 결과를 가져왔다.

제도의 도입 후 관리주체가 명확해져 행정청의 입장에서 입체적인 시설을 정비하는 경우에는 지역주민의 이해를 쉽게 얻을 수 있게 되었다.

3.1.7 사례 현황[26]

1) 도로와 건축물 분리구조형

(1) 우메다 출로(梅田出路)

우메다 지구는 JR오사카역에 근접한 전국에서도 몇 개 안 되는 상업·업무 지역의 하나이다. 한신 고속도로는 우메다 주변에서는 칸조센 방향으로 향하는 입로(우메다 입로)만 있기 때문에 이케다 방면에서 우메다로 진입하기 위해서는 후쿠시마를 이용하지 않으면 안 되는 상황이었다. 당해 지구에는 이하의 절차를 거쳐 입체도로제도를 활용하여 고속도로와 건축물의 일체적인 정비를 행하였다.

서 우메다 게이트 타워 빌딩 전경　고속도로와 건축물의 접하는 부분　일체적 정비 개소

---

26) (재)도로공간고도화기구, (2000) 입체도로사례집 참조.

〈표 3.3〉 우메다 출로 사업에 대한 지권자와 고속도로공단의 입장

지권자로부터의 요망	한신 고속도로공단의 생각
• 토지의 소유자는 해당지에서 오래된 LP가스와 주유소를 경영하고 있으며 위험물의 취급은 인허가등의 관계 등으로 인해 다른 지역에 있어서의 영업이 어렵고 이전 가능하다해도 주변에 대한 배려라는 관점에서 현행과 같은 상황의 영업이 어려운 상황이었다. • 지권자가 기존의 빌딩을 개축하는 계획을 가지고 있다.	• 교통 체증의 해소 등을 위해서 출로의 조기 공용이 급무였다. • 당해 지역은 우메다의 일등지 지역으로, 도로의 권원으로서 소유권을 취득하면 거액의 용지비가 필요하게 되지만 입체도로제도를 활용하면 용지비의 절약이 가능하다. • 도로와 건축물을 완전히 분리한 구조라면 도로구조상 및 도로관리상 지장이 없다. • 해당 지구는 토지의 고도(高度) 이용이 요구되는 지역이었다.

우메다 지구의 특징은 고도지구의 지정에 의해서 도로와 건축물을 일체적으로 정비하는 것이 가능하게 되어 별도의 지구계획은 결정되어 있지 않으며, 도로의 입체적 지역을 결정하고 건축기준법 등의 허가를 얻어 건축되었다. 본 입체도로 형태는 건축물을 관통하는 형태를 취하고 있는 분리 구조형이며, 도로법에서 말하는 도로일체건물은 아니다. 따라서 토지와 건축물의 권리관계를 살펴보면 토지에 대해서는 도로 측이 도로가 지나가는 5~7층 부분에 한정하여 구분지상권을 가지고 건축물 측이 소유권을 가진다. 건축물에 대해서는 도로 측은 아무런 권한이 없으며 건축물 측은 토지와 동일한 소유권을 가지며, 도로사업자에 의한 권원취득에 관한 보상은 입체이용 저해율을 기준으로 산정하였다.

<〈그림 3.6〉 우메다 출로의 입면도, 단면도 및 평면도>

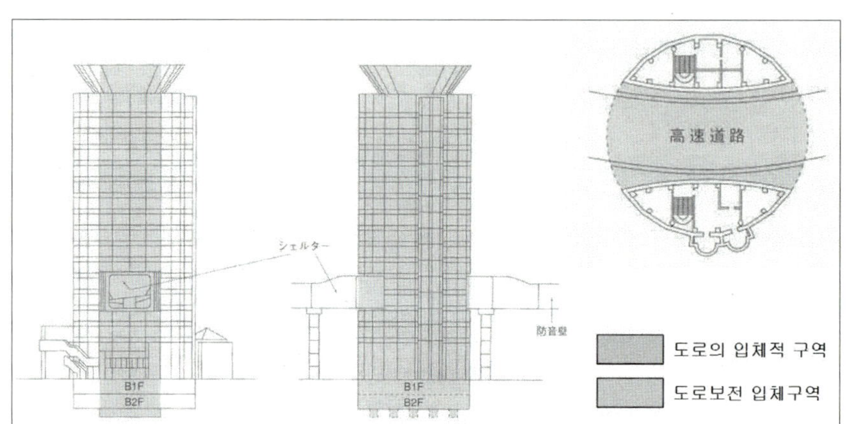

(2) 듀퓨레 니시다이와(デュプレ西大和)

듀퓨레 니시다이와는 동경도 도심으로부터 20km권의 사이타마현 와고우시에 위치하고 있으며 당시 주택·도시정비공단(현 도시기반정비공단)의 니시다이와 지구(임대주택 1,427호)의 대지 내를 통과하는 동경외환자동차도(C-BOX구조)의 건설에 맞춰 이 도로상에 건축된 임대주택이다. 1992년 11월에 도로가 공용되어 1995년 3월에 주택을 완성했다.

〈그림 3.7〉 평면도 및 입체적 구역

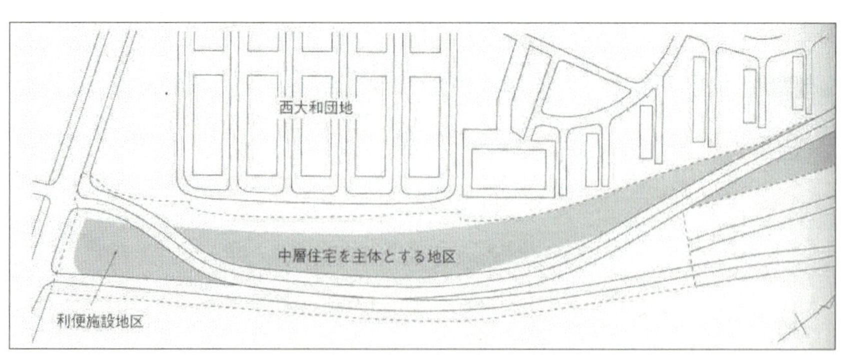

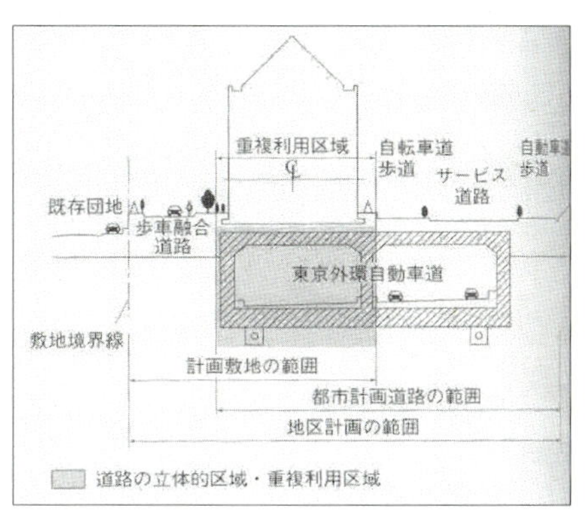

〈그림 3.8〉 단지 단면도

입체도로제도 성립 이전부터 해당 지구에서는 복합이용계획으로서 사업계획이 있었다. 1980년에 결정되었던 도시계획에서 고속도로의 고규격화에 의한 광폭원을 확보하기 위해 堀割狀 지붕 방식으로 구조를 변경하였다. 복합이용계획에 대한 건설성의 중재에 의해 일본 도로 공단과 주택·도시정비공단 간에 복합이용계획의 기본검토가 시작되어 1988년에 양쪽 공단에서 복합이용사업계획에 관한 기본협정을 체결했다. 특히 1989년에 입체도로제도 관련의 법률이 공포·시행되었고 해당 지구가 주택·도시정비공단이라는 공적기관에 의한 대규모 토지 소유 형태를 취하고 있었기 때문에 입체도로제도의 운용에 적절하다고 판단되어 입체도로제도를 적용하여 사업을 추진하였다.

도로와 주거의 일체적 정비에 의한 시가지의 유효한 고도이용이 의도되고 있다. 지구계획이 결정되고 지구정비계획에 있어서 중복이용구역·건축물 등의 건축한계가 결정되어 있다. 도로에 의한 지역의 분단이 없으며 녹지가 풍부한 주거 환경이 보장되고 있다. 토지소유자(주택·도시정비공단)는 용지를 매각하지 않은 상태에서 도로사업자(일본 도로공단)와의 탄력적인 협의를 통하여 간선도로정비가 촉진되었다. 본 입체도로는 분리구조형으로 도로를 유개지붕구조(C-BOX)로 하였으며 이것들과 분리해서 상공에 주동 등을 건설하는 형태를 취하고 있다. 주동이 건설되는 부분에 대해서는 설계상 건축물 하중에 상당하는 상재하중을 고려하여 그 부분을 보강하고 있다.

니시다이와 단지 전경　　　단지 내부 전경　　　외환도로와 단지

〈그림 3.9〉 린쿠타운 전경

니시다이와 단지와 도로의 구조형식은 도로의 지하식으로 분리구조형에 속하며 토지에 대한 권원은 도로사업자가 구분지상권, 건축물사업자는 소유권을 지닌다. 건축물에 대해서는 건축물사업자만 소유권을 가지며 도로사업자는 구분지상권 취득비로서 전면 매수비의 약 6할 정도만을 부담하였으며, 도로보전입체구역의 지정은 없고, 일본도로공단과 주택·도시정비공단 사이에서 관리협정을 체결하였다.

2) 도로와 건축물 일체구조형

(1) 린쿠 타운(りんくうタウン)

린쿠 타운은 일본에서 처음으로 24시간 공항으로 평성 6년도에 개항한 간사이 국제공항 근처에 위치하고 있으며 공항 기능을 서포트하는 역할을 담당하는 동시에 지역의 환경개선을 활기 있게 개선하며 도시 활동을 통하여 공항과 지역의 공존을 목표로 하고 있다. 간사이 국제공항의 접근 경로가 되는 간사이 국제공항선·한신 고속도로선의 도로는 린쿠 타운에서 교차점을 형성한다. 이 때문에 2개의 도로 및 JR선·난카이선의 린쿠 타운 역에 대하여 지역의 분단을 피하고 한정된 토지의 유효·고도이용을 위해서 오사카 기업국이 건축물의 사업 주체가 되어 도로와 일체적으로 정비되었다.

지구계획에 대해서는 입체도로로서 간사이 국제공항선·한신 고속도로선의 정비를 추가하였으며 지구시설로서 구획도로, 보행자 전용도로, 녹지광장 등의 정비를 설정하고 있다. 또한 건축물에 관해서는 용도의 제한, 용적률의 제한, 대지면적의 최저한도, 높이 제한, 벽면의 위치제한 등을 정하고 있다. 이러한 정비에 의해서 상업 업무기능을 핵으로 하는 각종 도시 기능의 집적을 꾀하고 일본의 현관으로서의 이미지에 알맞은 도시기능의 정비와 탁월한 도시 공간의 형성을 의도하고 있다.

도로와 상업시설이 입거하는 건축물과의 일체건축물로서의 정비는 일본에서는 처음 이루어진 케이스이다. 린쿠 타운에 있어서 입체도로 제도를 적용하여 도로일체건물로서 정비한 이유는

① 린쿠 타운(토지소유자)에 있어서의 메리트
  • 제한된 토지의 유효 이용과 양질의 시가지 환경의 정비를 꾀할 수 있다.
  • 도로 고가 하부 공간의 이용에 대하여 종래의 점용방식으로는 얻을 수 없었던 안정적인 권리를 확보할 수 있다.
② 도로 관리자에 있어서의 메리트
  • 토지의 공유지분방식에 의해 토지의 권원을 취득하고 있기 때

문에 용지비의 삭감을 도모할 수 있다.

도로와 건축물은 건축물의 기둥이 도로를 직접 지지하는 구조로 도로일체형건물로서 토지에 관한 권원은 도로와 건축물이 서로 공유지분을 가지며, 도로는 건축물을 사용하는 권원으로 도로일체건물에 관한 협정을 맺고, 도로사업자는 권원취득에 관한 보상으로서 공유지분의 취득비를 대신하고 있다.

〈그림 3.10〉 일체적 정비 개소(좌), 단면도 및 입체적 구역(우)

 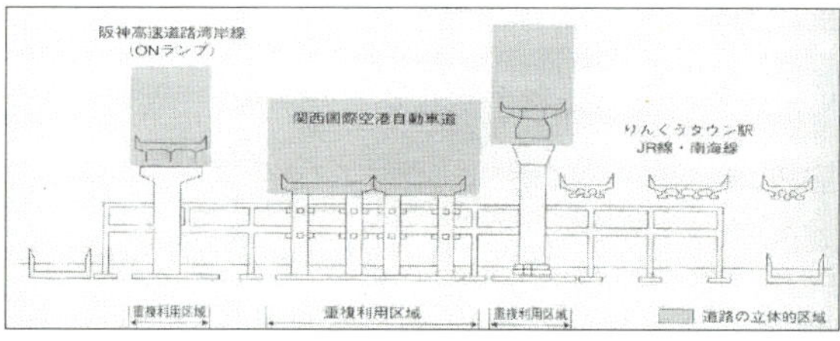

(2) 오사카 시티 에어 터미널(Osaca City Air Terminal)

미나토마치(湊町) 지구는 오사카의 고(高)집적업무 지구인 〈미나미〉의 서쪽에 인접한 지구이다. 이 지구는 간사이 국제공항에 직접 연결되는 오사카의 새로운 터미널로서 또는 우메다 주변 지구와 함께 국제화·정보화 등에 대응하는 향후의 도심구조 재편 강화에 적합한 중요한 거점으로서 그 위상이 크며 오사카시를 중심으로 관민일체의 개발이 추진되고 있다.

또한 해당 지구는 고도의 토지이용을 요하는 지구이며 도로의 상하 공간을 이용하여 건축물을 축조함으로써 지구의 분단을 피하고 간사이 국제공항의 개항에 맞춘 업무, 유통시설과 철도, 버스, 도로를 유기적으로 연계한 정비, 고속도로 출입로 및 건축물 정비의 부담경감이라는 관점으로부터 입체도로제도의 창설을 계기로 일체적 정비를 행하게 되었다.

이와 함께 미나토마치-남쪽 출로에 대해서는 새롭게 지하화된 JR 미나토마치 역의 상부 공간을 이용하여 한신고속도로와 직접 연결된 리무진 버스나 도시 간 고속버스가 발착하는 터미널과 CAT(시티 에어 터미널)이 설치된 복합교통 센터빌딩(OCAT)을 도로일체건물로 정비하고 1996년 3월에 도로와 건축물을 동시에 완성, 공용하고 있다. 또한 해당 지구의 북측 지구에 있어서도 현재 입체도로제도를 적용하여 미나토마치 북 출입로와 건축물의 일체적 정비가 계속적으로 행해지고 있다.

구체적으로는 구 국철(國鐵)의 미나토마치역에 있어서 화물취급이 폐지됨에 따라 1986년부터 오사카시가 중심이 되어 〈미나토마치 지구 종합정비계획〉이 정비되었으며 그것을 이어받아 해당 지구에서는 간사이 국제공항 관련 시설과, 도로, 철도망의 종합정비를 기하게끔 되었다.

〈그림 3.11〉 OCAT 전경(남측)

 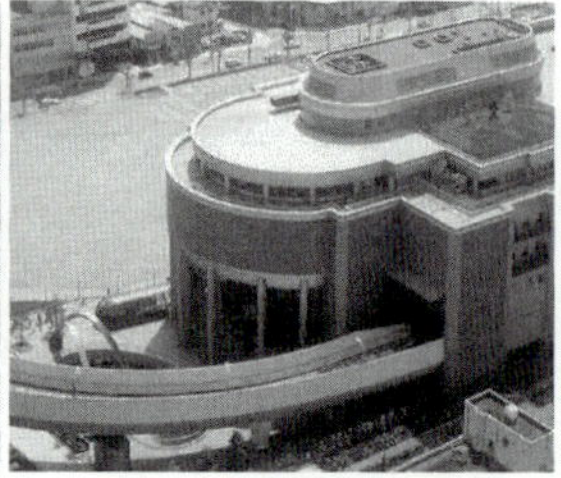 

| OCAT 전경(북동 측) | OCTA 전경(남서 측) | 고속도로 상부 공간 점포 |

한편 한신고속도로 15호 사카이선은 1970년에 공용하고 있지만 이 지구에 계획되었던 미나토마치 출로는 토지구획 정비사업과의 관계로 인해 미정비 상태였다. 그러나 칸조센 서남부의 극심한 교통체증을 해소함과 더불어 이용자의 편의를 도모할 필요성이 높아짐에 따라 추가적으로 토지구획 정비사업의 진전과 더불어 신도시 거점 정비사업의 승인과 함께 지구 내에 신설된 시설과의 관련을 고려하여 기존의 미나토마치 입로(入路)의 이설 및 출로의 신설을 포함한 전면적인 개선이 행해졌다. 해당개소의 미나토마치 남쪽 출로에 대해서는 1990년 12월에 도시계획결정이 행해졌다.

오사카 시티 에어 터미널은 도로일체건물로서 건축물의 기둥이 도로를 직접 지지하는 구조로 되어 있다. 미나토마치 남쪽 출로는 1~3층의 일부를 통과하고 출로의 도중에서부터 건축물 내의 버스터미널에도 직접 연결되고 있다. 그 아래 부분은 JR간사이 본선의 미나토마치역이 위치하고 있다. 이 구역은 재개발 지구계획이 결정되어 있으며, 그 가운데에서 재개발지구 정비계획에 있어 중복이용·건축물 등의 건축 한계가 정해져 있으며, 도로일체건물이기 때문에 도로에 관한 토지의 관계되는 공유소유권이며 도로가 건축물을 사용하는 권원은 도로법의 도로일체건물에 관한 협정으로 한다.

〈그림 3.12〉 횡단면도(좌), 종단면도(우) 입체적 구역

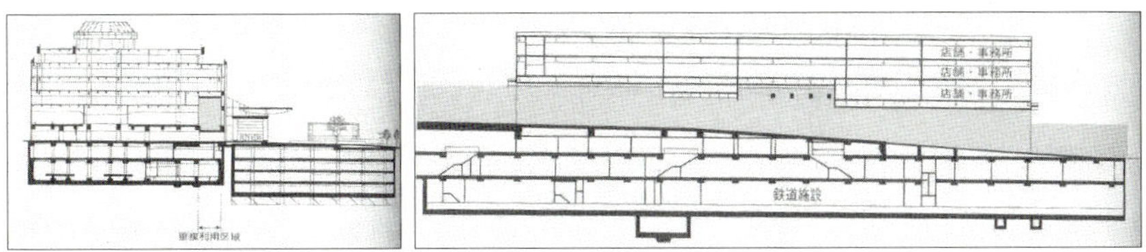

〈그림 3.13〉 이즈미오츠 PA 전경

(3) 이즈미오츠(泉大津) Parking Area

이즈미오츠 PA가 위치하는 이즈미오츠 구미나토 지구(키라라 타운 이즈미오츠)는 간사이 국제공항과 오사카 중심부의 거의 중간에 위치하고 있으며 약 18.4ha의 용지 조성을 행하여 항만기능과 광역 교통기능 외에 복합 상업시설, 주택시설 등의 정비가 계획되어 1993년 2월에 재개발 지구계획이 도시계획으로 결정되었다.

이 재개발 계획의 추진과 더불어 한신 고속도로 이용자에 대한 쾌

적한 도로 서비스를 제공하기 위해서 이즈미오츠 PA가 입체도로제도를 적용하여 지역의 중핵이 되는 해안 측의 항만 업무용 시설(오피스동), 내륙 측의 호텔동과 함께 일체적으로 정비되었다.

PA는 연안선을 사이에 두고 상행선(바다 측)과 하행선(내륙 측)으로 설치되며 대형차 전용 주차장(3층 레벨), 소형차 전용 주차장(2층 레벨)으로 구성되어있다.

나아가 해안 측의 12층의 오피스동의 3층과 11층 및 내륙 측의 19층의 호텔동의 3층이 PA의 휴식 및 정보제공시설로서 이용되고 있다. 이들 시설은 고속도로의 상공을 연속통로 다리로 연결시켜 바다 측과 욱지 측의 기능을 유기적으로 보완하고 있다. 도로의 입체적 구역은 건축물 내의 PA의 휴게시설 등의 부분으로 되어있다.

사업 경위는 당초 PA의 주차장 부분을 포함해서 도로일체건물로서 정비할 계획이었으나 최종적으로 주차장 부분은 도로 단독시설로서 통상의 도로구역이 결정되어 정비되었다. 이러한 일체적 정비에 의해 도로 측으로서는 ①사업비의 경감, ②PA시설의 업그레이드 등이 한편 건축물 측으로서는 ①고집적(高集積)인 업무·거주 지구의 분단 회피 ②토지의 유효·고도이용 ③재개발의 심벌(symbol)적인 사업의 성공 등의 메리트가 있었다.

〈그림 3.14〉 단면도 및 평면도 내 입체적 구역

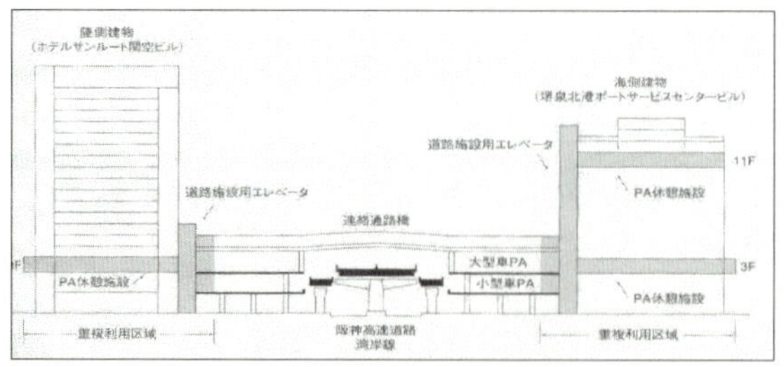
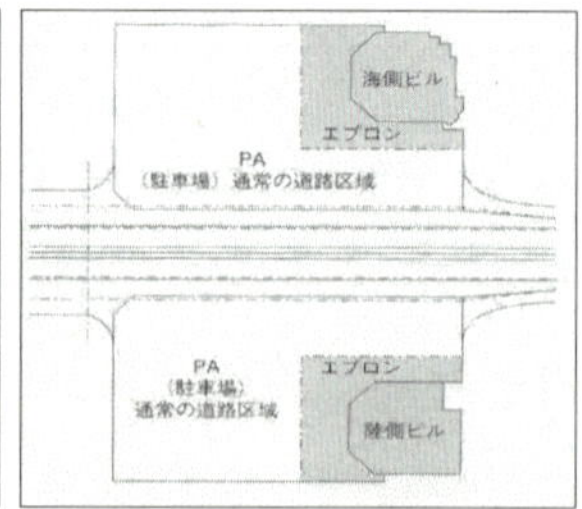

(4) 코쿠라 정류장(小倉停留場)

기타큐슈 도시 모노레일 코쿠라선은 일본 최초의 모노레일로서 기타큐슈시의 도심인 코쿠라 기타구의 중심시가지와 코쿠라 구의 교외 주택지를 약 18분으로 연결하는 영업 연장 약 8.4km, 12정류장의 노선으로서 1985년 1월에 개업했다.

개업 당초의 기점 정류장인 코쿠라 정류장은 JR코쿠라역 역전에 있어서의 도시 공간이나 양호한 경관을 확보하고 장래에 걸쳐서 역 주변 정비·개발에 대한 제약을 피하기 위해 JR코쿠라역부터 약 400m 떨어진 위치에 건설되었다. 이 때문에 개업 당초부터 모노레일과 JR과의 환승 편리성 향상이 커다란 과제가 되었다.

〈그림 3.15〉 JR코쿠라역 빌딩 전경(좌), 모노레일 신정류장4,5층(우)

이 과제를 해결하기 위해 다양한 검토를 행한 결과 JR코쿠라역의 개축과 함께 그 역 빌딩 4, 5층 부분에 모노레일 정류장을 정비하고 모노레일이 JR역에 편입되는 안이 채택되었다. 모노레일은 도로법상의 도로로서 취급되기 때문에 종래부터의 도로구역을 결정한 경우, 도로구역 내에 있는 모노레일과 건축물을 일체적으로 정비하는 것이 곤란하였으나 입체도로제도의 창설에 의해 도로구역을 입체적으로 결정하고 모노레일과 JR역 빌딩을 입체적으로 정비하는 것이 가능하게 되었다. 1995년 10월에 모노레일의 레일 연장 사업을 착수하고 1998년 3월 20

일 도로의 입체적 구역을 결정하여 1998년 4월에 공용을 개시했다.

〈그림 3.16〉 단면도 및 입체적 구역

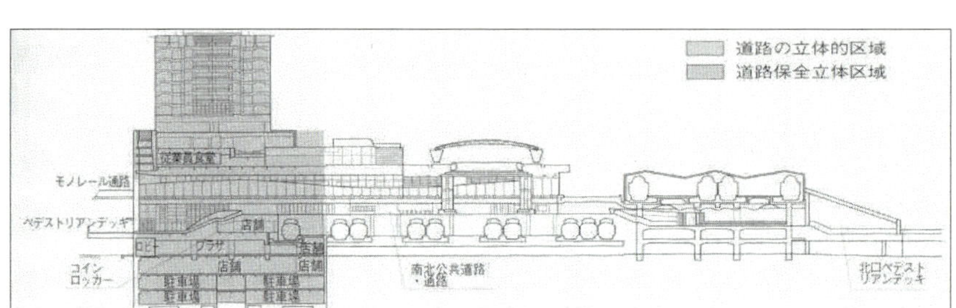

도시 모노레일과 JR의 환승 편의성의 향상을 도모하기 위해 입체도로제도를 활용하여 모노레일 신정류장과 JR역 빌딩의 일체적 정비를 행한 사례로서 이것들의 정비와 병행해서 역전광장, JR코쿠라 남쪽 출구 공공 연결도로, 페디스트리안·데크 등의 정비가 행해지기 때문에 모노레일을 포함한 새로운 빌딩을 중심으로 코쿠라 지구의 현관으로 어울리는 도심기능의 형성이 의도되었다.

각각 토지 및 건축물에 대한 권원은 도로사업자 및 건축물이 모두 토지와 건물의 소유권을 공유하였으며, 도로사업자는 구분지상권의 대가로 상당의 공유지분비를 지불하였다.

3) 철도시설의 입체화 사례 – 도쿄 西台 주택단지[27]

도쿄도내 인구증가로 인한 도시화 현상이 심해져 도시시설의 정비가 따르지 못해 과대, 과밀 도시화되어 주택난, 환경파괴, 교통체증 그 외 여러 가지 심각한 도시문제가 야기되고, 주택문제는 토지확보가 해결되

---

27) 日本都營西台人工地盤團地, 1973. 1, 東京都住宅局.

지 않고, 도심과 가까운 장소에 용지확보를 해야 하는 상황으로 그 합리적인 유효이용을 생각하게 되어 가용지 확보 측면에서 지하철6호선 志村 차량기지 상부 개발을 통해 주택단지 조성계획을 세우게 되었다.

〈표 3.4〉 도쿄 西台 주택단지 개요

면 적	차고 137,665㎡ 인공지반 35,568㎡ - 주택 22,189㎡, 학교 9,839㎡, 기타 3,540㎡
주택 규모	14층 4동(1,502호) - 都營주택 3동, 公社주택 1동
기타 시설	초등학교 약 9,839㎡(18학급), 공원 및 광장 4,600㎡ 공설 소매 시장 922㎡, 보육소 779㎡,
지 가	약 45,500엔/㎡

차고 내 배선계획과의 조정을 도모하면서 도영주택, 공급공사주택을 합쳐 1,502호 및 이에 관련된 공설시장, 보육원, 초등학교 등 시설의 기본계획을 세웠으며, 도로, 다리, 광장의 각종 공공시설을 인공지반 위라는 특수성을 고려하여 인공적인 구조물이라는 느낌을 받지 않고, 자연적인 환경상태를 조성하려는 방향으로 계획하였다.

본 사업은 1969년부터 1972년까지 추진되었으며, 사업지 규모는 전체 차고 전 면적이 137,665㎡이고, 이 중 인공지반 면적이 35,568㎡, 주택 부분이 22,189㎡, 학교 및 기타 용지 부분이 3,540㎡으로, 단지는 주택 이외에 학교 및 보육원, 근린상가, 집회소, 공원 등으로 조성되었다. 비용은 교통국과 주택국이 서로 분담하였는데 인공지반 시공은 교통국이 실시하였으며, 주택이용 부분에 대해서는 각각의 주택국 및 주택공급공사가 초등학교는 주택국이 부담하였다.

도쿄 西台 주택단지의 주택 부분은 각 소득계층의 융화를 위하여 都營주택, 公社주택을 혼합배치하였으며, 학교 및 보육소 등 공공 도시시설들은 장래의 수요변화에 탄력적으로 대처할 수 있도록 공간을 확보하였다.

<그림 3.17> 지하철 서대역과 연계되는 부분(좌), 아파트 전경(우)

또한 사람과 자동차의 동선은 완전히 분리하여 보행자의 안전을 우선시 하였으며, 특히 사람은 지하철 西台역으로부터 직접 단지로 통과할 수 있도록 계획하고, 주택단지가 인공적으로 만든 지반이므로 그 느낌을 최소화하기 위해서 공원 및 광장 부분을 충분히 확보하도록 노력하였다.

진동 및 소음을 방지하는 방법으로는 흡음재 부착과 주행속도를 15 km/h정도로 낮추었으며, 차음과 방화를 위해 인공지반에 일정 간격을 두고 이중으로 바닥판(슬래브)을 설치하였으며, 인공지반의 상부와 하부시설과의 경계를 명확히 구분하여 후에 유지관리 및 위험방지와 비상시의 방화, 피난을 고려하여 계획하였다.

<그림 3.18> 도쿄 西台 주택단지 단면도

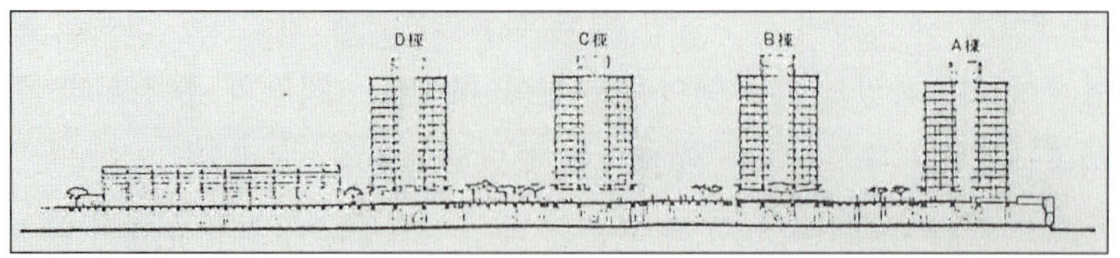

소유권 문제는 도교통국 소유의 차량기지 상부를 도주택국, 도주택공급공사 등이 구분지상권에 상당하는 비용을 교통국에 지불한 이후 건설하였으며, 사용료 산정은 인공지반면적을 건축면적으로 가정하여 건폐율로 역산하여 산정(용지비부담액＝토지평가액×토지면적×공중권비율)하였다.

인공지반의 건설에 대하여는 그 설계 및 시공은 차고 유치선의 건설과 밀접하게 연관되어 있으므로 교통국이 주관하였으나, 설계비, 공사비와 건설에 따른 그 외의 비용은 주택국과 주택공급공사가 부담하고, 초등학교부지는 주택국이, 그 외는 주택국과 공급공사가 각각 주택 부분의 연면적의 비율에 따라 양자가 부담하였다. 인공지반은 교통국의 소유로 하고, 이의 유지관리에 대해서는 교통국와 관리협정을 체결하였으며, 초등학교 부분의 공중권은 주택국이 구에게 유상양도하는 것으로 약정체결하였다.

<표 3.5> 도쿄 西台 주택단지 권리관계

분 류	시 공	공사비	소유권
인공지반	교통국	주택국, 주택공급공사	교통국
주 택	주택국, 주택공급공사		·
학교 및 부대시설	부지비(주택국과 주택공급공사) 건설 및 관리(해당 구가 유상양도함)		구 소유

4) 주변 지역과의 입체적 도시정비형

(1) 칸조 2호선(環狀2号線) 신바시(新橋) 토라노몽(虎ノ門) 지구

칸조 제2호선은 1946년 3월에 도시계획결정이 이루어졌으나 1993년에 린카이부 정비계획에 있어서 접근 도로로서의 필요성이 요구되어 기점을 신바시로부터 코토구 아리아케 2초메로 이동하여 연장하고 있

다. 현재는 시오도메, 신바시, 아카사카에서 요츠야를 통과하여 황궁을 둘러싸도록 4분의 3을 일주하여 칸다 사쿠마초(神田佐久間町)에 이르는 환상(環狀)의 도시계획도로로 되어있다. 연장 14km 가운데 미나토구 토라노몽으로부터 종점 측의 8km에 대해서는 거의 정비가 끝났으나 신바시-토라노몽 구간 1.35km에 대해서는 미정비 구간으로 되어 있다.

지금까지 칸조 제2호선(신바시-토라노몽)의 정비에 대해서 많은 검토가 이루어졌으나 용지비의 급등과 지역 주민에 의한 계획의 재검토 요망 등의 이유로 도시계획결정 이후 사업이 늦어져서 진전되지 못했다. 이런 상황을 타개하기 위해서 입체도로제도를 적용하여 환상 제2호선[28] 정비에 관한 계획의 재검토가 행해졌다.

<그림 3.19> 완성 예상 계획도

---

28) 코토구(江東区)의 아리아케(有明)를 기점으로 츄오구(中央区), 미나토구(港区), 신주쿠구(新宿区) 및 분쿄구(文京区)를 거쳐 치요다구(千代田区) 간다(神田) 사쿠마초(佐久間町)에 이르는 총 연장 약 14km의 도시계획 도로 로서 아카사카(赤坂) 등의 도심을 통과하는 대동맥으로 도심부의 교통 체증의 완화를 기함과 동시에 임해부(臨海部)를 포함하는 연도(沿道)의 개발을 유발하는 등 도시재생의 기축(基軸)이 되는 도로이다.

<표 3.6> 사업 개요

시행면적	약 8.0ha	사업 기간	1988년(2002년) ~2011년	
주택호수	약 370호	사업비	1,700억 엔	
공공시설	환상 2호선	폭: 40m, 연장 약 1,350m		
	간선도로 (상가 이외)	4노선, 폭: 20-36m(4.5-30m), 연장: 약 230m ( )은 시행구역 내의 폭		
	구획도로	6노선, 폭: 3-15m(3-15m) 연장 약 570m		
시설 건축물	건물 동수	6동		
	바닥면적	약 22.6ha		
	용적대상면적	약 17.9ha * 용적대상면적이란 용적률 산정 대상의 면적을 말함		
	주요 용도	주택, 점포, 사무소, 공익시설, 주차장 등		
	주택 건설	약 370 호		

 이 구간은 도시구조의 재편을 유도하고 지역발전을 도모하며 임해부 도심과 도심, 기타 부도심을 연결하기 위해 시급한 도로이기 때문에 동경도는 입체도로제도를 활용한 시가지 재개발사업에 의해 도로와 건물의 병존을 기하면서 신바시(新橋)부터 토라노몽(虎ノ門)까지와 그 주변의 일부를 포함한 일체적인 도심기능 재생의 도시정비사업을 2015년도의 전면개방을 목표로 하여 토지구획정리사업과 가로사업에 의해 정비를 진행 중에 있다.

 사업 지역의 높은 지대로 인해 토지 보상비가 사업비 중 97%에 달하는 보상비로 인한 동경도의 재정 문제와 계획 구역 내에 살고 있는 주민들의 철거 후 이주에 대한 반발, 동경 환상 2호선의 광역 교통 특징으로 인한 교차로의 연속 입체화 사업 및 주민 안전을 위해 사업지역의 도로 입체화 사업이 불가피하게 되었다. 입체화 형태는 도로 상부에 주상복합 건물을 건축하는 방안과 신바시부터 토라노몬 구간은 대부분 터널로 처리하는 형태로 이루어졌다.

본 입체화 사업에 따른 토지에 대한 권리문제는 도로관리자가 구분지상권을 가지면 건축물 소유자가 토지와 건축물의 소유권을 가지게 된다. 도로사업자가 구분지상권의 설정 대가 상당분으로써 공공시설관리자부담금을 부담하였다.

〈그림 3.20〉 평면도 및 중복이용구역(좌), 시가지 재개발 사업구역(우)

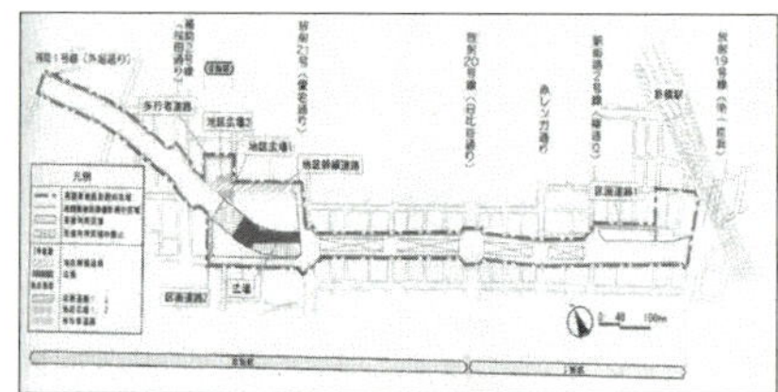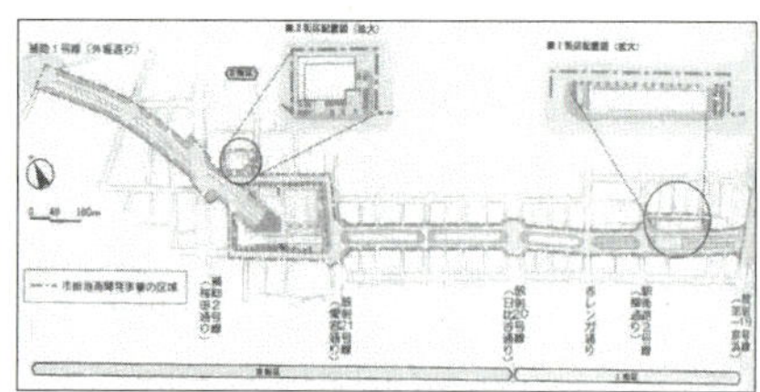

(2) 니혼바시((日本橋)/도쿄 역전 지구에 대한 공공시설 정비계획

역 주변 개발을 일체적으로 광장의 재정비를 진행하고 21세기에 있어서 새로운 동경의 얼굴의 창출을 기하는 것으로, 역전 광장의 넓이를 넓혀 노선, 고속버스, 택시 및 일반차 등 자동차 기능의 재배치를 행하고 교통 결절 기능을 강화함과 동시에 신록을 적극적으로 배치하는 등 풍부한 보행자 공간의 창출을 의도하는 계획이다. 또한 니혼바시 쪽 광장은 현재의 버스 기능과 함께 일반 차의 이용도 가능한 광장으로 정비한다. 공사에 대해서는 2004년 8월부터 2011년 3월을 예정으로 진행 중이다.

니혼바시, 도쿄역전 지구를 포함한 전 구역의 약 7할의 지역이 2002년 7월에 긴급하고 중점적으로 시가지 정비를 행해야 할 지역, 도시 전체에의 파급효과가 예상되는 지역으로서 도시재생 긴급 정비 지역으로 지정되었다.

도시재생 긴급 정비 지역 내에서는

① 기존의 도시계획을 백지화하고 자유도가 높은 계획을 진행하는

〈특별지구〉의 창설

② 민간사업자에 의한 도시계획의 제안 제도 창설

③ 민간사업자가 입안한 도시 계획안을 지자체가 6개월 이내에 심의 및 결정하는 장치를 마련하여 신속한 계획의 추진

④ 우량의 사업계획에 대한 국토교통대신(건설교통부 장관)의 인정 제도 창설과 사업에 대한 금융지원 등의 특징이 있으며 개발을 가속화시켜서 지역 활성화에 연계되는 것을 목적으로 한다.

또 다른 사업은 도에이(都營) 지하철 아사쿠사선(淺草線) 동경역 접착 구상하는 것인데, 기설의 도에이(都營) 지하철 아사쿠사선(淺草線)의 무로마치역 북측 및 니혼바시역 남측으로부터 분기하여 동경역에 연계되는 총 연장 약 1.6km의 분기선을 신설하는 구상으로 중요한 터미널인 동경역과 나리타 및 하네다 양 공항이 직결되어 공항으로의 액세스 시간을 대폭적으로 단축하고자 하는 계획이다. 건설비, 완성 시기, 도시 만들기 등에 대한 효과 등의 관점으로부터 동경역 접착의 위치, 종점 위치, 노선 심도 등, 동경역과 도에이(都營) 아사쿠사선을 연결하는 철궤도 이외의 접속 등 여러 가지 안이 검토 중이다.

〈그림 3.21〉 니혼바시 지구의 현황

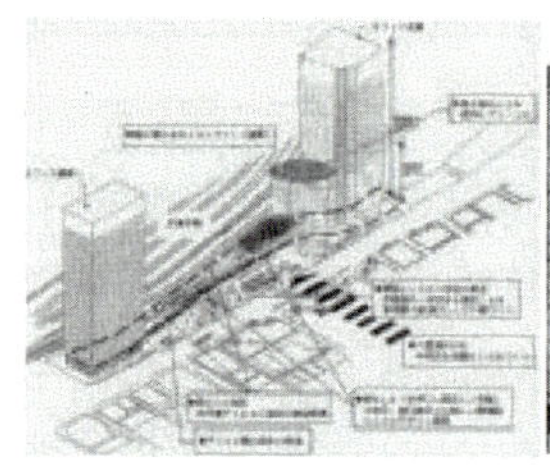

재정비 이미지

교통로 정비

하천인접빌딩과일체정비
이미지

마지막으로 니혼바시(日本橋) 지구 수도 고속도로와 하천 인접 빌딩과의 일체화 정비사업하는 것으로 수도 고속도로 환상선 등은 공용 개시로부터 40년이 경과하고 있으며, 향후 본격적인 유지 및 갱신이 필요하다는 사실을 인식하고 이에 도심의 장래상을 검토한 동경도심에서의 수도 고속도로의 장래 비전과 그 실현을 위한 제 방책을 검토하였다.

그 결과 니혼바시 부근 및 古川筋 부근, 하마리큐에 인접하는 구간에 대하여 원활성, 안전성, 쾌적성 및 도시 재생의 관점으로부터 지하화, 교체 등의 복수안이 검토되고 있으며, 수도고속도로 존재방법 연구회에서는 2002년 4월에 니혼바시 지구 수도고속 재구축에 대해서는 일체정비가 보다 적절하다고 제언하고 있다.

중앙구(中央區)에서는 이 같은 제언과 제안을 니혼바시의 상공으로부터 고속도로를 이설한다고 하는 과제를 해결하기 위한 좋은 기회로 파악하여 〈니혼바시 축조 400년〉이라는 기념비적 해에 지역 주민들과 토의 및 협의를 진행해왔다. 그 결과, 검토안을 2003년 3월 언론에 공표하고 이후 국토교통성 등에 이 지역의 개발계획안을 제출하였다.

향후 추진 예정인 내용은 수도고속도로 존재방법 연구위원회의 검토와 함께 2006년 중앙환상신쥬꾸선(中央環狀新宿線) 개통을 전제로

〈도시만들기와 일체정비안(야에스 지구 재개발 및 아사쿠사선 동경역 접착정비와의 일체적 정비)〉, 〈현 루트 지하화안(수도고속도로 존재 방법 연구 위원회의 루트 연장)〉의 두 가지 안과 조기 이설안에 대해서 함께 검토가 진행되고 있다.

3.2 프랑스

3.2.1 제도 개요

프랑스는 오랜 철도 운영 및 역사개발 경험으로 인해 주변 지역과의 조화와 주변 지역의 파급효과를 고려하여 역사의 위치 선정 및 역사 개발 전략을 수립하고 있다. 그래서 대부분의 도시 지역 내 위치한 역의 경우 최소한의 정비를 가하거나 기존 역을 재정비하여 역사 및 기존 교통수단 간의 환승시스템 보완과 주변 지역과의 조화를 전제로 계획되고 있다.

대표적 사례로 릴역의 경우 기존 구도심의 역사를 보전하고 중앙역을 신설하여 고급 업무지구로 발전한 형태이며, 몽파르나스는 기존역사를 확장하여 전면적으로 재건축을 실시한 사례이다.

몽파르나스와 릴역 등 프랑스 역사개발은 역사가 입지한 지역의 개발 및 지역 경제성장을 유도할 수 있는 방향으로 지자체 및 민간기업과 연계하고 있는 특징을 보인다. 또한 도시의 어메니티를 높이고, 주변의 공항 및 위락시설과의 연계성을 강화할 수 있는 방향으로 계획하여, 역세권 재개발 및 신규개발과 인근 지역으로의 파급효과를 고려한 개발을 하면서 도시 내의 연계성을 강화하고 문화 공간, 공공 공간 등을 적극적으로 확보하여 철도시설의 개발을 통한 시너지 효과를 주변 지역으로 확대시키거나 도시 공간의 공공성을 높이고자 하는 특징을 가지고 있다.

3.2.2 사례 현황

1) 몽파르나스

몽파르나스는 프랑스국영철도공사(SNCF), 파리시, 민간업자가 공동으로 사업을 주관하고 1985년~1990년에 걸쳐 사업이 추진되었으며, 개발규모는 역 전면의 몽파르나스 타워를 비롯하여 오피스시설, 상가, 스포츠시설, 공원 및 광장, 공영주차장 등의 복합시설화하였으며, 세부면적은 오피스가 70,000㎡, 공원 및 광장이 30,000㎡, 상가가 15,000㎡, 주차장이 700면 등에 달한다. 선로 좌우 측면은 업무용을, 선로 위는 시설 및 상업시설을, 선로 상부는 인공테크를 조성한 후 옥상정원과 스포츠시설, 전시장의 공공시설로 활용하고 있다.

〈표 3.7〉 몽파르나스 구조 개요

평면구성	층별구성	
선로 측면 : 오피스 선로 위 : 상가, 역사, 오피스 선로 상부 : 옥상정원, 스포츠시설, 전시장	제1역	-1층: 매표소, 안네데스크, 버스승차장, 수화물취급소 -2층: 휴대품보관소, 서비스센터 -선로와 연결
	인공테크	1층: 승강장, 2층: 주차장, 3층: 옥상정원
	제2역 및 오피스	여객준비, 여객편의시설

총사업비는 1,235백만 프랑, 약 1,740억 원이 들었으며, SNCF와 파리시 공동부담으로 사업비를 조성하였으며, 파리시는 인공테크 옥상에

도시공원을 조성하는 조건으로 자금을 지원하였다.

몽파르나스는 기존 역사를 확장하고 전면적인 재건축실시로 여객수송력이 배가 되었으며, 인공테크를 조성하여 공간을 입체적으로 활용하였는데, TGV, RER(고속지하철), 택시, 버스 등의 대규모 환승시스템을 구축하고, 지하철, 시내버스는 제1역의 지하철 시내버스 승강장에서 에스컬레이터로 연결하여 이용객의 편의를 더하고 있다. 또한 승용차는 인공테크의 중간층 일부를 주차장으로 사용하고, 택시는 제2역 승강층으로 전용도로를 연결하여 수평보도가 가능하도록 계획하고, 보행자는 제1역 주출입구를 도보로 이용하도록 해 보다 안전한 보행로를 계획하였다.

몽파르나스 전경

몽파르나스 주요 건물 1

몽파르나스 주요 건물 2

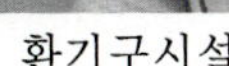
환기구시설

몽파르나스 내부 광경

외부 공중 보행로

2) 릴(Euralille)역

Euralille로 대표되는 역세권 개발 당시 Lille는 파리북역으로부터 226km 떨어져 Flandres 지방의 수도로서 탄광산업과 직물류와 같은 2차산업형 산업의 중심지였으나, 20세기에 들어 폐광의 증가와 주변도시의 신소재 산업에 밀려 도시가 쇠락해지는 상황이었다. 도시를 활성화시키기 위한 방편으로 1991년 12월에 열린 유럽공동체 12개국 정상회의 개최를 통해 잃어버린 45만 개의 일자리를 창출하고 Lille의 지정학적인 위치를 이용하여 유럽연합 전체의 중심지로 발돋움하기 위해 Euralille Project를 구상하게 되었다.

Lille는 영국에서 Channel Tunnel을 지나 유럽대륙으로 들어가는 관문 역할을 하는 프랑스 도시로서 유럽 지역 고속철도망의 결절중심지이며, 또한 영국의 Folkestone과 프랑스 Calais를 잇는 터널의 개통과 프랑스 고속철도인 TGV의 북측노선계획의 확정과 같은 철도 교통의 중심지로 부각되면서 대규모 역세권 개발이 이루어질 수 있는 계기가 마련되었다.

Lille Europe 역세권 개발계획은 1986년부터 시작되었으며, 기존의 Lille Flandres역과 고속철도인 Eurostar가 지나갈 Lille Europe 사이의 Networking 확보에 중점을 두고, 기존의 Lille Flandres역과 Lille Europe역 간의 삼각 지역에 이르는 120ha에 이르는 대규모의 역세권 개발을 시행하는 계획을 세웠다.

<그림 3.22> 릴역 전체 구역도(좌) 및 단면도(우)

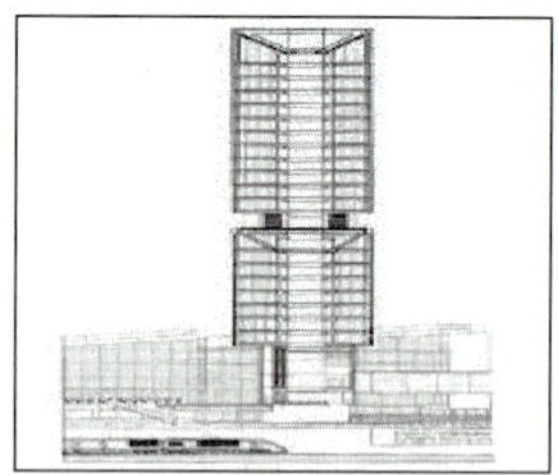

Lille Europe역뿐만 아니라 역에서의 환승수단에 대한 체계화, 63,395㎡의 대지면적에 세워진 사무소 및 상업시설, Lille-Grand Palais Complex와 같은 대형 전시홀 및 컨퍼런스시설을 갖춘 유럽업

무지구의 중심으로서의 이미지를 구상하였으며, Lille Europe역은 선형의 역사건물계획을 계획하고 그 위에 각기 다른 고층의 건물을 세우는 개념을 도입하고, 또한 두 역사가 공간적으로 분리되지 않게 하기 위해서 역사 사이에 대규모 업무, 상업시설과 주거시설을 조성하여 두 역사 간의 연계성을 강화하였다. 릴역 역세권 개발사업은 기존의 타일, 탄광산업에서 벗어나 고속철도역사개발을 적극적으로 유치함으로써 업무 및 국제회의 도시로서의 도시이미지 혁신과 지역경제 활성화 및 도시 공간 재구조화에 성공한 사례로 꼽히고 있다.

사업개발은 1988년~1994년까지 진행되었으며, 본 사업 주체는 유라릴사(민관혼합회사)로 릴시 및 관련지자체가 50.9%, 은행단이 41.5%, SCETA(SNCF자회사) 및 상공회의소가 7.6%의 지분을 소유하여, 공공이 54%, 민간이 46%의 투자로 사업이 진행되었다.

사업완료 후 지역 관리는 Lille시로 돌아갔으며, 총 면적 70ha에 53억 프랑의 개발비용이 소요되었고 그중 70%가 민간자본, 21%가 공공자본, 9%가 반공공회사에서 출자되었다.

역 주변 까르푸

릴역 접근을 위한 다리

역 상층부 업무시설 전경

역 내부 광경

릴역 주변 광경

릴역 사업지 전경

릴역의 전체 개발은 1986년에서 1995년에 완공을 목표로 3단계 개발사업을 전개하였는데 단계별로 살펴보면 다음과 같다.

〈1단계〉 전략적 사업추진 및 개발방향 구상(1986~1987): 1986년 영·불 해저터널(Chunnel Tunnel)의 개통, 1987년 벨기에, 독일, 프랑스, 네덜란드 간 고속철도 Network를 위한 협약 체결로 인해 프랑스 SCNF 철도회사의 고속철도 교통 결정 중심지로서 Lille를 선정, 지자체 수준의 계획 구상

〈2단계〉 기본계획 수립(1988~1990): Euralille-Metropole이 구성되어 대상부지에 대한 개발타당성 조사 및 대상부지 면적 결정과 부지 내 건물에 대한 계획안 구상

〈3단계〉 시행(1991~1995): 정부에 의해 계획안 승인 및 민관합자회사인 SEM이 설립되고, 정부 54%, 은행 40%, SNCF(프랑스 철도국) 3%, 상공회 3%의 자본투자를 통한 역세권 개발계획 시행.

릴역 개발로 인해 발생된 이점은 우선 초기의 프로그램 및 계획안에서 수정을 통해 추진되었는데 초기에 계획했던 700세대 가량의 아파트 및 주거시설은 제대로 제공되지 못했으나 각종 업무시설 및 상업시설의 활성화로 아파트 및 주거시설이 빨리 거래가 이루어져 지역 활성화에 기여하였으며, 고속철도역사의 개발은 고속철도 이용객의 증가를 유발하여, 1997년 3백만 명의 유동인구 및 1998년 처음 7개월간 25%가량의 철도 이용객이 증가로 릴역 주변 시장이 활성화되었다.

또한 교통의 요충지로서 런던, 브뤼셀, 파리를 연결하는 TGV북선은 역사뿐만 아니라 대규모 도시계획사업을 포괄한 복합적 역세권 개발계획으로서의 역할을 하였다. 그리고 기존의 릴-플랑드르역 간의 시내에서 역으로의 접근성 높은 교통체계 구성하여 유럽 고속철도의 결절점으로서, 역사 개발뿐만 아니라 Lille시 주변의 환승교통과의 체

계적인 연계로 인해 도시 내 주민들이 쉽게 접근할 수 있는 접근성을
확보하게 되었다.

<표 3.8> 릴역 구성

내 용	규 모
릴	4,200평
유라릴르센터 (복합상업 지역)	9,200㎡ -대형슈퍼마켓, 소형판매시설(130여개), 대형 및 중규모 판매시설, 우체국, 탁아소, 행정기관 등 공공시설, 음식점, 체육·위락시설, 극장, 고등상업학교 -기타 37,500㎡의 면적에 SNCF 사택, 임대/매각용 아파트, 학생기숙사, 호텔
업무지구	60,000㎡ -무역센터빌딩 25,000㎡(25층), 일반사무실, 국제무역업무, 통역 및 번역용 사무실 -크레디 리요네 빌딩 14,600㎡(20층), 업무용 공간
컨벤션센터	55,000㎡
	회의장, 전시장, 공연장, 연회장 등
공 원	3,300여 평
주차장	6,000면

　　마지막으로 릴역 사업은 지자체가 주도가 되어 사업을 추진하였는
데, 릴시가 철도노선변경 및 추가예산을 책임지는 등 지자체 주도로
사업 추진하고, 전체 도시 계획적인 개발 및 조화를 이루는 제도를 시
행하여 총 감독 건축가(MA) 및 사업 품질관리, 계획 조정위원회 등
을 구성하여 보다 체계적으로 사업을 진행하였다. 2005년 현재에도 신
규의 오피스 건설이 릴역 주변에 이루어지고 있으며, 북유럽의 중심도
시로 성장하고 있다.

3) 리브고슈(Rive Gauche)

　제13구역 파리 리브고슈 재개발 사업은 파리의 도시팽창에 따른 지역 재개발 사업으로 추진되는 사례로서 개발면적이 2,000,000㎡(약 60만 평)이며 사업 기간은 1992년~2010년으로 현재 진행 중에 있다.

　본 사업은 문화, 교육, 업무, 주거의 복합 공간 개발로서 파리개발공사가 주축이 되어 개별지분참여를 통해 개발한 것으로 파리개발공사 57%, 프랑스 국영철도 20%, 중앙정부 5%, 파리광역시 5%, 민간 13%가 참여하는 등 공공기관의 참여비율이 상당히 높다.

| 리브고슈 전체 계획도 | 사업구역 평면도 | 사업 단면 이미지 |

사업구역 개발 단면 이미지

　이 중 복개 사업은 파리 제13구역 재개발사업 중 철도로 인해 단절된 오스테를리츠역 주변 부지를 복개하여 가용지를 확보하고, 주변 지역의 시설과 연계 이용할 수 있도록 기반을 마련하기 위한 사업으로서 조성 면적이 7만 8천 평에 이른다.

　리브고슈의 개발 특징은 철도이전부지를 활용하여 공공 도서관, 서민 및 중산층용 주거지, 도시공원 등을 체계적으로 공급함으로써 파리시에서 상대적으로 낙후된 지역을 재개발 활성화한 사례라고 할 수 있다. 또한 철도시설로 인해 단절된 지역의 통합을 위해 과감한 인공테크를 도입하고 인공테크의 상부에는 공공시설을 인접지에는 양호한 주거지를 조성함으로써 공공토지의 복합적 활용과 계획을 통해 지역활성화에 기여한 사례라고 할 수 있다.

리브고슈 프로젝트는 장기적인 계획의 수립과 총괄건축가(MA)를 통한 계획적 개발, 국제현상 등을 통한 창조적인 건축물 디자인 등을 추구했으며, 특히 계층혼합을 위한 임대용주택과 분양 주택을 적절히 공급했다는 측면에서 매우 우수한 평가를 받고 있다.

〈그림 3.23〉 Rive Gauche 사업 현황

3.3 기타사례

3.3.1 독일 – 슈랑겐 바더 슈트라쎄(schlangenbader straße)

1969년부터 서베를린 도심 아우토반의 일부로 슈테글리츠(steglitz) 구간이 건설되기 시작된 이후, 대도시에서 도로망 상부에 주택을 건설하는 전형을 삼기 위해 시범적으로 건설하였다.

초창기에는 모쉬그룹이 주도하였으나 1974년부터 주립 주택건설회사 데게보가 동참하여 아우토반 상부에 위치한 주동의 건설을 전담하

여 완성하였으며, 이후 이를 주택문제가 해결되면서 입체적 개발 사례
는 없으며, 이외 도로상공을 이용한 사례로는 고속도로 휴게소(바이에
른 주) 한 곳이 고속도로 상부에 건설한 사례가 있다.

〈그림 3.24〉 슈랑겐 바더 슈트라쎄(schlangenbader straße) 단지 평면도

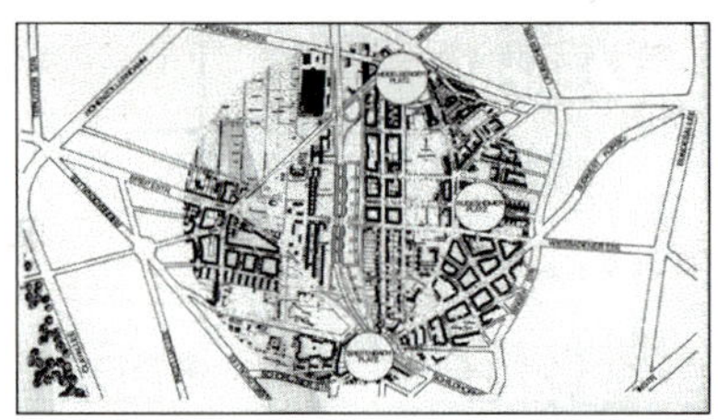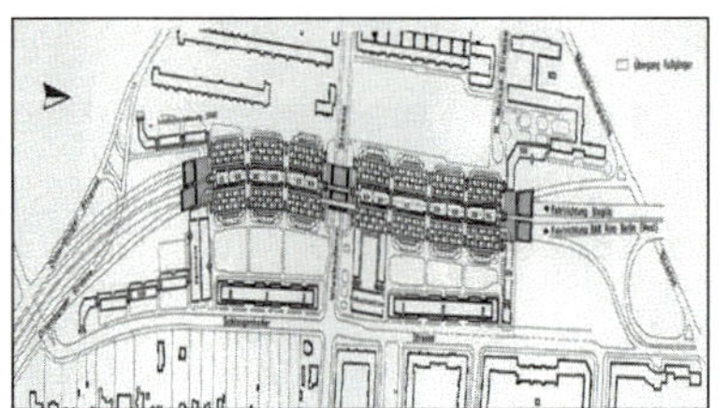

　사업 기간은 1976년~1981년까지 총 6년간이며, 총 건설비는 1976년
당시 2억 5천5백만 마르크가 소모되었으며, 슈랑겐 바더 슈트라쎄의
처음 임대료 수준은 ㎡당 28마르크로 당시(1981년) 사회주택 중 가장
비싼 임대아파트에 속했으며, 지금까지도 주거환경이 비교적 양호한
편에 속한다. 실제로 임대주택임에도 불구하고 관리가 잘 이루어지고
있으며, 같은 사업으로 추진된 도로변의 분양주택과 양호한 공공시설
로 인해 선호도가 매우 높은 실정이다.

〈표 3.9〉 사업지 규모

부지면적	전체(약 88,000㎡), 주거용(80,648㎡), 상업용(400㎡)	
건물규모	주동 14층(2동), 주동 이외 4층(4동)	
주　택	전체 주택 호수의 30%는 독신자, 30%는 직업을 가진 부부, 나머지 40%는 아이들이 있는 일반 가족용으로 계획	
	총 1,215호 a. 1실－1.5실 42m~52㎡ b. 2실－약 67㎡ c. 2.5실~3.5실－80~120㎡	

규모는 전체 부지면적이 약 88,000㎡이며, 주거용이 80,648㎡, 상업용이 400㎡ 정도 차지하고, 건물은 주동이 14층 2동, 주동 이외 건물이 4층 4동으로 구성되어 있다.

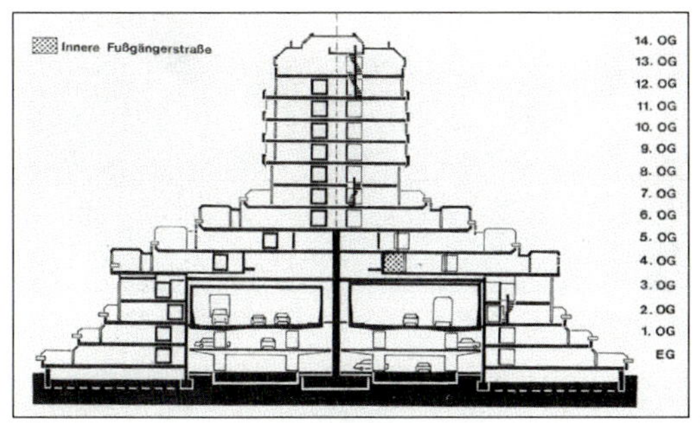

〈그림 3.25〉 슈랑겐 바더 슈트라쎄 단면도

이 사업은 도심에서 높은 토지비용으로 인한 주택용지 마련의 어려움과 더불어 고속도로로 인한 환경상의 문제로 입체·복합정비를 시행한 것이 특징이며, 고속도로에 의한 소음, 진동, 대기오염, 단절 등의 환경상 악역향을 줄이고, 녹지가 많은 전원주택 개념의 테라스식 아파트를 이용하여 복개하였다. 또한 시 정부가 고속도로와 주택건설이 동시에 건설되고 환경문제 극복에 주안점을 두고 사업을 실시함으로써 고속도로가 지역사회에서 주는 장애물이라는 인식을 바꿔놓는 사례가 되고 있다.

실제로 고속도로 상에 임대주택을 입지시킴으로써 상대적으로 장기적 임대주택의 공급이 가능했으며 고속도로 인접토지에는 고속도로 소음에서 벗어나 양호한 녹지 공간을 확보한 증산층용 분양주택을 공급하여 사업에 따른 시너지 효과를 얻은 사례라고 할 수 있다. 물론 분양을 목적으로 사업을 추진했던 민간 건설화사인 모쉬그룹은 인접토지의 개발만 담당하고 공공주택 공급 기간이 고속도로 상부의 임대주택을 공급함으로써 일체적인 개발에 한계를 보인 점도 있으나 결과적으로는 공공과 민간이 공동으로 사업을 추진하여 성공적으로 운영되고 있다고 할 수 있다.

이러한 관점에서 볼 때 우리나라의 경우도 결국 도시계획시설을 이용한 주택 및 공공시설의 공급은 공공성을 갖는 기관이 담당해야 될 것으로 판단되며 이러한 사업과 연계하여 민간의 참여를 유도하는 것이 바람직할 것이다.

아파트 전경	도로와 아파트 측면	단지 내 소로
아파트 내부 모습	단지에서 나가는 출구	단지로 들어오는 출구

3.3.2 홍 콩

1) Kowloon Bay Depot

Kowloon Bay Depot는 MTR의 Kwun tong line의 차량기지로 1979년에 건설되었으며, MTR사 최초의 차량기지 상부시설물 개발사업이다. 부동산 투자사업으로 MTR사는 이 사업의 성공으로 20년 동안 20개소에 부동산투자를 해오고 있다.

〈그림 3.26〉 사업지 전경

사업지 데크부지 면적은 약

10ha(220x470m), 데크하부 차량기지는 16,680㎡ 정도이고, Telford Gardens은 26층 규모의 12개동과 11층 규모의 29개동으로 총 5천여 세대가 입주하고 있고, 주요 시설로는 쿨롱역과 연결된 부분의 아파트 하부층에 2개소의 쇼핑몰과 주차장이 입지하며, 중학교, 유치원, 테니스장, 수영장 및 극장이 있다.

2) Kowloon station

쿨롱역 개발을 CDA(Comprehensive Development Area)로 지정하여 계획 수립하였으며, CDA 지구 용도 지역 지구계획(이 구역에서 일어나는 모든 개발행위는 마스터플랜을 작성하여 위원회의심의 승인을 거쳐 별도로 정하게 됨)마스터플랜에는 다음과 같은 내용이 별도로 계획되어 결정된다.

〈그림 3.27〉 쿨롱역 개발계획(좌) 및 전체 개발 이미지(우)

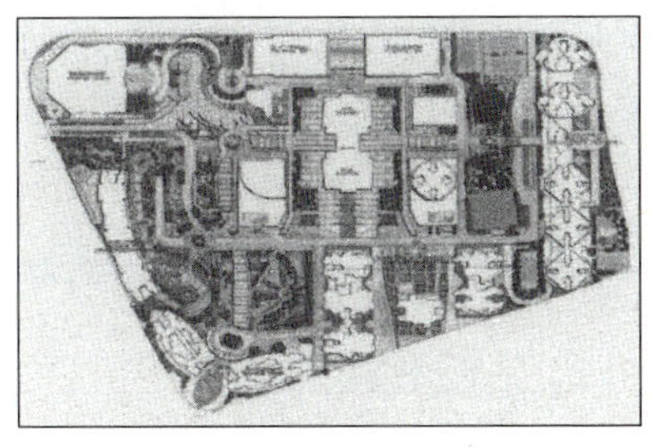

① 용도, 자연보전, 위치, 규모, 해당구역에 세워질 모든 빌딩의 높이
② 용적률, 층수, 층별 면적
③ 해당 구역에 제공되는 공공시설의 양과 상세정보
   (정부기구나 지역의 공공시설, 커뮤니티시설, 교통시설, 공원, 오픈스페이스 등)

④ 건물의 폭과 배치, 길과의 레벨관계

⑤ 조경

⑥ 도시설계 컨셉 보고서

⑦ 환경영행평가 보고서

⑧ 교통영향평가 보고서

⑨ 시 의원회가 필요하다고 생각하는 기타 내용

본 프로젝트에서 시 위원회의 승인을 거쳐 허용되는 용도는 주차장, 은행, 이발소, 미용실, 방송국, 병원, 교육기관, 전시관, 컨벤션센터, 패스트푸드숍, 호텔, 국가기구, 시장, 지상 위로의 거대한 환승 구조물, 환전소, 오피스, 소매점, 공공위락시설, 스포츠 및 문화시설, 우체국, 도서관, 대중교통 터미널 및 역, 기차역, 학교 등이다.

해당 지구는 연면적이 제한되는데 주거용도는 연면적이 547,026㎡이며, 상업용도 연면적은 543,000㎡이다. 즉 주거 및 상업을 복합개발하여 지속성을 갖추도록 하는 동시에 지역 활성화의 다양성을 도모하고 도시 내 신도시(Town in the City)를 만드는 전략으로 활용하고 있다.

<표 3.10> 쿨롱역 개발지수

연면적	주거용	608,026㎡	층수	102	상업
	비주거용	482,000㎡		64	주상복합
블록 수	1	상업		36-69	주거
	2	상업/주거		1-3	파빌리온
	16	주거		1	유치원
	4 이하	파빌리온	주차장	1,322-1,576	비주거용도
	1	유치원		120	service apartment
호수	910 이하	service apartment		3,938	주거
	1,780 이하	호텔		400 이하	공항철도
	5,666-5,866	주거	승하차장		109개의 승하차장

MRTC는 국가소유의 해당 부지를 매수하여 개발하는 방법을 이용하지 않고, 구분지상권을 이용해 쿨롱역 상부 공간 개발권에 대해 상업지분의 가격을 지불하고 매입하였으며, 쿨롱역 단지는 중앙에 역의 입구가 있으며 중앙광장 주변을 둘러싸면서 1천만 1백 평방피트가 넘는 호텔, 사무실, 소매점과 주거시설이 위치한 역 주변 단지의 종합계획이다.

쿨롱역의 시설구성을 보면 3개의 개별 철도와 공항 체크인 카운터, 장거리 버스, 택시 및 기타 지상교통수단을 이용할 수 있는 입체환승시설을 제공하고, 각 교통수단은 중안광장에서 연결되며, 중앙광장은 다시 중앙홀을 통해 역의 위쪽과 주변 상업단지로 연결되도록 보행 네트워크를 구성하고 있다.

또한 중앙홀의 지붕은 역 입구와 단지의 중심광장의 핵심요소가 되며 자연채광을 아래의 중앙광장으로 유입시키는 구조를 하고 있으며, 엘리베이터와 에스컬레이터와 같은 수직 통행 수단을 갖추고 있으며, 바닥, 벽, 기둥의 재료와 마감재 등 공중의 중앙광장과 역 주변 지역을 완전히 통합하는 천장구조를 갖추고 있다.

편의시설로는 공공 지역의 설치물 비품과 집기, 자동 요금 징수기, 발매기, 직원용 공간, 국제선 발매기와 체크인 시설, 여권과 이민에 관한 편의시설이 마련되었으며, 공항철도와 각종 대중교통시설이 직접 연계되는 복합기능을 갖추고 있으며 지하철과 1층부의 복합버스터미널이 단일 시스템 속에서 입체적으로 구성되어 진다. 또한 보행광장과 스카이웨이로 보행테크를 구성하며 보행 동선의 자연스런 연계를 도모하고 있다.

쿨롱역 건물   쿨롱역 내부 쇼핑몰   쿨롱역 내부 보행로

쿨롱역은 각 시설별로 독자적으로 개발하는 것이 아니라 이용자의 입장에서 일단의 지구스케일의 단지에 주거, 상가, 교통시설, 다중이용시설 등을 일체적으로 개발한 것이 특징이다. 특히 철도 환승시스템의 단일 사업으로만 추진되는 것이 아니라 전체적인 역의 연결, 버스, 택시 등이 보행자와 이용객을 위한 전체적인 환승체계를 조화롭게 이루고 있다.

또한 주변 환경, 부대시설, 이벤트시설 등이 입체적인 토지이용을 고려한 종합계획에 의해 사업이 수행되었으며, 구분지상권을 활용하여 역사 위 공간을 개발하고, 역사 상부에 고밀의 인구유입을 유도하는 센터를 건립함으로써 철도 이용자의 동선을 유도하여 개발자는 물론 지역전체의 상권 활성화 전략을 세운 것이 특징이라 하겠다.

국내의 단순역사개발 형태의 한계점을 극복하고 주거, 업무, 상업, 공공시설이 입체적으로 계획 활용될 수 있는 좋은 사례라고 할 수 있다.

3.4 국외 사례의 시사점

3.4.1 체계적 도시계획을 통한 입체화 및 도심기능의 활성화

국외 사례들의 가장 큰 특징은 단일 개발이 아닌 도시기반시설 정비를 통한 주거환경개선 및 도심기능을 재생함으로써 지역경제 활성화를 유발하고 있다는 점이다. 특히 일본과 프랑스의 경우, 일본은 도시재생사업과 더불어 입체도시계획을 효율적으로 활용하여 교통시설의 정비와 함께 낙후된 주변 지역을 재정비하는 형태를 띠고 있다. 대표적 사례로 신바시에서 토라노몽까지의 도로사업의 높은 토지보상비 및 지역주민 이주문제 등을 해결하기 위해 도로를 지하화하고 도로 상부 공간 및 주변 일부를 포함하여 일체적 도심기능재생 사업을 추진한 성공적 사례로 들 수 있다.

프랑스의 릴역 역시 폐광의 증가와 주변도시의 신소재 사업에 밀려 쇠락해 가는 도시의 재생과 일자리 창출 및 유럽연합 전체의 중심지로 발돋움하기 위한 목적으로 릴 역세권 개발 사업이 실시되었다. 본 사업의 일환으로 계획된 복합용도의 역사개발 주변 지역의 개발은 고속철도역사개발을 적극적으로 유치함으로써 도시이미지 혁신과 지역경제 활성화 및 도시 공간 재구조화에 성공한 대표적 사례라 볼 수 있다.

홍콩의 쿨롱역 또한 역사 상부에 고밀의 인구유입을 유도하는 센터를 건립함으로써 철도 이용자의 단지 내 유입을 통해 사업개발자 및 지역전체 상권 활성화 전략을 세웠으며 단일용도의 개발이 아니라 주거, 업무, 상업, 공공시설의 복합개발을 추구하고 있다는 것이 가장 큰 특징이다.

이러한 사례에서 나타나는 공통된 특징은 도시시설의 입체적 적용은 기존의 단일 건물과 도로, 철도역사개발에서 더 나아가 체계적 마스터플랜을 기초로 도시계획시설의 입체적 정비를 바탕으로 도시정비를 수행함으로써 인접 지역 도시재생 및 철도 역세권개발과 지역 경제 활성화 등 효율적인 공간활용과 더불어 도시재생의 파급효과를 성공적으로 이끌어내고 있는 것을 볼 수 있다.

3.4.2 공공시설, 상업시설 등의 적절한 비율구성과 입체적 환승시스템 구축

국외의 입체적 도시개발 사례를 살펴보면 오피스, 주거시설, 상업시설 및 이용객과 지역주민을 위한 문화, 공공편익시설이 적절한 조화를 이루고 있다. 국내에 민자복합역사 및 도시철도역 개발 사업들의 예를 보면 지나친 상업시설 위주의 개발로 이용객들을 위한 편의시설 및 공원 등 공간시설이 부족한 것을 볼 수 있다. 특히 도심 내의 입체개발은 자칫 지나친 공간복합화로 인해 교통 및 환경 등 도시문제를 더욱 악화시킬 수 있어 공원이나 오픈스페이스 등 공간시설의 확충이 더욱 필요하다.

이러한 문제점을 해결하기 위해 프랑스 몽파르나스의 경우 파리시에서 옥상공원을 설치하는 조건으로 사업비를 지원하였으며, 전체 오피스면적이 70,000㎡, 공원 및 광장 면적을 30,000㎡가량 조성하였으며, 릴역 또한 역사 규모가 4,200평, 공원이 3,300평으로 풍부한 녹지 공간을 계획하였다. 홍콩의 쿨롱역 또한 각종 대중교통수단을 연계하고 주변 환경, 부대시설, 이벤트시설 등이 전체적인 마스터프로그램에 의해 효과적으로 확보될 수 있도록 하였다. 또한 다음은 공공편익시설과 상업, 문화시설, 주거, 업무시설 등의 적절한 비율구성과 입체적, 복합적 공간구성을 통해 공간의 활성화를 도모하고 있는 것이 특징이다.

우리나라의 경우 대부분의 민자역사 및 교통시설과 연계한 각종 기타 시설들은 지나치게 상업시설 위주로만 조성되어 있어 그 결과 여러 대중교통이 연결은 되고 있지만 효과적인 동선체계와 환승시스템이 구축되어있지 않고, 공공편익시설의 부족으로 이용객들의 불편이 가중되고 있는 실정이며, 철도 이용객 외 외부 활동인구 유입이 미약한 실정이다. 특히 역세권 개발과 연계된 다양한 주거기능의 도입은 이루어지지 않고 있는 실정이다.

또한 몽파르나스나 홍콩의 쿨롱역 등을 살펴보면 민간사업자에게 혜택을 주는 만큼 공공편익시설의 확보를 철저하게 하고 있으며, 각종 대중교통이 같은 레벨에서 이루어지거나 효과적 동선체계로 이용객들의 편의를 제공하고 있다. 이를 바탕으로 상업기능의 활성화 및 주거기능, 문화기능 등을 도입함으로써 개발 지역 내 상주인구 및 활동 인구의 증가를 도모하고 있는 것이 특징이다.

3.4.3 공공기관 및 지역주민, 민간사업자의 적극적 참여

앞서 살펴본 국외 사례들의 특징은 우선 교통시설, 즉 도로나 철도용지를 활용한 개발이 대부분이며, 초기에는 단일시설을 중심으로 개발하였으나 점차 개발용지를 중심으로 주변 지역까지 확대하여 계획, 개발하는 성격을 띠고 있다. 즉 계획적, 장기적인 입체도시개발계획을 통하여 도심재개발 및 신규도시개발을 계획을 더욱 적극적으로 개발을 유도하고 있음을 알 수 있다.

두 번째는 공공기관 및 지역주민의 참여를 효과적으로 끌어내고 있는 점이다. 릴역의 경우 지자체에서 릴역의 개발계획 등의 동의를 얻기 위해 지역주민들을 대상으로 주민설명회, 자치투표, 공청회 등을 열고 이와 관련한 연구기관을 둠으로써 개발의 타당성을 알리는데 적극적으로 지원을 했다. 일본 시오도메 개발역시 민간협의체공동사무시를 운영하여 지역주민의 적극적인 사업참여를 유도하였고, 토지구획방식을 통해 전면개발에서 발생하는 민원을 효과적으로 줄이는 등 지역주민의 이해를 돕고자 많은 힘을 쏟았다.

세 번째는 공공기관과 민간사업자의 적절한 사업배분 방식이다. 초기의 입체화 적용은 공공부지를 공공기관이 계획, 개발하는 형태를 많이 띠고 있으며, 이러한 개발은 장기적으로 볼 때 한계가 있어 점차 규모가 커질수록 민간사업자의 참여도가 높아지고 있다. 프랑스나 일본, 홍콩 등 대부분 공공기관이 민간사업자의 건축물의 용적률 및 규제를 완화시켜주고, 이에 따른 개발이익의 대가로 오픈스페이스 등의 공공편익시설을 요구하고 있다. 홍콩의 경우는 차량기지 개발을 전적으로 민간사업자가 계획, 개발하고 있으며 이러한 개발 형태가 약 4개소 정도로 매우 활성화되어 있다.

따라서 향후 입체적 복합적 도시계획 및 도시개발 사업의 추진에 있어서는 단일 개발이 아닌 지역 및 지구 단위 계획이 선행되어야 하며, 공공과 민간, 주민이 공동으로 참여하는 형태의 개발이 이루어져야 할 것이다.

또한 지역의 재생 및 활성화는 친인간적이고 친환경적일 때 성공할 수 있다고 본다면 입체적, 복합적 정비 수법의 도입은 양호한 공공시설을 도시 내 확보하고 사람의 보행 공간 및 주거, 업무, 상업 등 활동 공간을 확보함에 있어 매우 효과적인 방안이라 볼 수 있다.

<그림 3.28> 국외 입체적 계획 사례 시사점

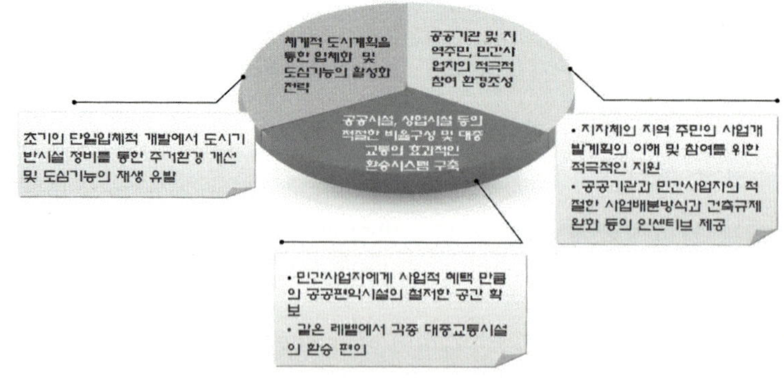

제 4 장 | 입체도시계획 활용 유형

제4장 입체도시계획의 활용방안

4.1 입체도시계획의 적용가능 유형

입체도시계획의 대상은 도시계획시설을 중심으로 도시계획시설 부지 안에서 다른 도시계획시설 및 비도시계획시설인 건축물 등을 복합 정비하는 것으로 도시계획시설은 「국토의계획및이용에관한법률」법 제2조에 의해 시행령 제2조에서 규정하고 있는 통신시설, 공간시설, 유통 및 공급시설, 공공·문화체육시설, 방재시설, 보건위생시설, 환경기초시설을 말한다.

〈표 4.1〉 도시계획시설 구분

	국토의계획및이용에관한법률시행령 제2조	세부사항
교통시설	도로·철도·항만·공항·주차장·자동차정류장·궤도·삭도·운하, 자동차 및 건설기계검사시설, 자동차 및 건설기계운전학원	·도로 - 일반도로, 자동차전용도로, 보행자 전용도로, 자전거 전용도로, 고가도로, 지하도로 ·자동차정류장 - 여객자동차터미널, 화물터미널, 공영차고지 ·광장 - 교통광장, 일반광장, 경관광장, 지하광장, 건축물부설광장
공간시설	공원·광장·녹지·유원지·공공공지	
유통·공급시설	유통업무설비, 수도·전기·가스·열공급설비. 방송·통신시설. 공동구·시장. 유류저장 및 송유설비	
공공·문화체육시설	학교·운동장·공공청사·문화시설·체육시설·도서관·연구시설·사회복지시설·공공직업훈련시설·청소년수련시설	
방재시설	하천·유수지·저수지·방화설비·방풍설비·방수설비·사방설비·방조설비	
보건위생시설	화장장·공동묘지·납골시설·장례식장·도축장·종합의료시설	
환경기초시설	하수도·폐기물처리시설·수질오염방지시설·폐차장	

본 책에서는 도시계획시설과 비도시계획시설의 형태적 분류로서 도시계획시설 중 현재 입체화 활용이 활발하고 장래 적용 가능성이 높은 도로 및 철도시설 중심으로 살펴보았다.

도로시설과 철도시설에 입체적 적용이 가능하거나 이미 적용된 형태를 기준으로 유형을 나누고, 이외에 다른 도시계획시설들은 이미 적용된 입체화 사례를 중심으로 유형을 도출하였다.

4.1.1 도로시설 입체화 유형

1) 도로 위치에 따른 유형

도로교통시설은 도로와 다른 시설물 간의 결합위치에 따라 크게 세 형태로 나누어 볼 수 있다. 우선 도로가 공중에 위치하는 경우로서 고가도로 형태가 여기에 해당되며, 다음으로 도로가 지상에 위치하는 경우는 도로 상부에 단일 건축물을 설치하거나, 인공지반을 조성하는 형태로 나눌 수 있다. 마지막으로는 지하도로 형태로 도로 상부부지를 활용하는 것이다.

〈그림 4.1〉 도로위치에 따른 유형 분류

도로위치	활용공간	개념도	사례
공중	도로하부공간활용		센바센터빌딩
	도로상.하부 공간 활용		
지상	인공지반조성 활용		
	단일 건축물 조성		메트로라야빌딩
지하	상부 부지 활용		일본 환상2호선 토라에몽지구

(1) 도로가 공중에 위치하는 유형

도로가 공중에 위치하는 것은 고가도로 형태를 말하는 것으로 고가도로의 어느 공간을 활용했는지에 따라 그 형태가 분류된다. 즉 일본의 센바센터 빌딩과 같이 고가도로를 조성하고 그 하부 공간을 활용한 경우와 일본의 우메다 빌딩 출로처럼 건물의 가운데를 고가도로 형태로 관통하여 도로의 상·하부 공간을 모두 활용한 형태로 나누어 볼 수 있다.

고가도로의 경우 지하도로에 비해 공사비가 적게 들고 사후관리가 편리하다는 이점이 있으나 고가 하부에 영구 음지를 형성하고, 주변 상권의 악화 및 슬럼화 우려로 인해 사업시행이 어려운 경우가 많다. 또한 도심에서 도로 신축사업을 하기 위한 토지 매입비용은 전체 사업비의 대부분을 차지하는 등 사업을 추진하는 데 있어 막대한 비용이 부담된다.

이러한 문제점들을 해결하는 방안으로서 고가도로의 하부를 공원 및 주차장, 상가시설 등을 조성하여 쾌적한 환경을 만들어 상권 악화 및 슬럼화의 우려를 막을 수 있다. 또한 사유지를 매입하거나 현재 있는 건물의 높은 보상비를 해결하기 위해서 구분지상권을 이용해 건물의 일부 층만을 도로가 점용하는 형태로 사업을 진행할 수 있다. 이는 이미 일본에서 우메다 빌딩 출로 및 아사히신문사 빌딩을 통과하는 고속도로 등 몇몇 사업이 진행된 바 있다. 그러나 건물의 가운데 도로가 통과하는 것은 자동차의 진동 및 소음, 배기가스 등 환경적인 문제를 유발할 수 있으나, 속도 및 차량제한 등 여러 규제요소들을 통해 이러한 문제를 해결하고 있다.

(2) 도로가 지상에 위치하는 유형

도로가 지상에 위치하는 유형은 크게 도로 상부에 그대로 단일 건축물을 조성하는 경우와 도로 일부에 인공지반을 조성하여 그 상부를 활용하는 형태로 나눌 수 있다. 전자의 도로 상부에 단일 건축물을 조성한 사례로는 우리나라의 낙원상가 및 미국 메트로라이프빌딩이 대표적이다. 이러한 형태는 도심 도로의 중앙에 건물의 지상이 도로이고 그 상부에 건축물을 조성한 것으로 우선 도심경관을 가로막는다는 단점이 있다. 또한 건물 지상부에 도로가 위치하기 때문에 도로가 건물의 기둥 부분에 부딪히거나 낙후될 경우의 관리·보수 문제를 위해 권리문제를 명확히 하는 등의 조치가 필요하다.

후자의 도로 상부에 인공지반을 설치한 대표적 사례로는 앞서 살펴본 일본 듀프레니시다이와 단지 및 독일의 슈랑겐 바더 슈트라쎄 등을 들 수 있다. 인공지반을 설치하거나 복개하는 형태로 도로 일부를 활용하는 경우는 도로로 인한 인근 지역의 소음문제, 지역단절문제를 동시에 해결할 수 있어 매우 활용도가 높은 방식이라 할 수 있다. 또한 도로 상부와 인공지반을 이용하여 주택을 공급한 두 사례의 경우는 도심 내 저소득층을 위한 임대주택 계획을 통해 주거문제를 해결할 수 있는 새로운 방식을 제안해 주고 있다. 특히 두 사례의 경우 도로위에 인공지반을 설치함으로써 부분적으로 도로 자동차 소음, 먼지 등을 차단할 수 있으며, 위의 두 사례 모두 풍부한 녹지를 형성하여 쾌적한 주거환경을 자랑하고 있다.

(3) 도로가 지하에 위치하는 유형

도로를 지하에 조성하면서 지상부를 개발하는 형태로서 이는 소규모로는 단일 건축물을 조성하거나, 도로를 지하화함으로써 도로 인접지역의 재개발을 통해 도로로 인한 환경문제와 낙후된 주변 지역을 동시에 정비하는 성격을 지니고 있다. 일본 환상 제2호선 신바시 토라노몽 지구 복합개발 사례의 경우 약 80ha에 달하는 면적에 1988년부터 2011년까지의 사업계획을 세우고, 광역교통사업으로서 도로를 모두 지하화하여 도로사업으로 인한 이주민 문제 및 보상비를 효과적으로 해결한 사례라 하겠다.

2) 복합용도에 따른 유형

도로의 위치에 따른 유형 이외에 도로시설과 복합하는 용도에 따라 유형을 분류할 수 있는데, 크게 주거시설, 공원 및 녹지시설, 상업시설, 철도 및 기타 교통시설 등으로 구분할 수 있다.

주거시설과 복합되는 경우는 도로 상부에 인공지반을 조성하여 주거단지를 계획하는 사례가 있으며 독일 슈랑겐 바더 슈트라쎄와 일본 듀프네 니시다이와단지가 이 유형에 해당한다. 이는 도로 정비 시 지하차도 상부 공간이나 인공대지를 활용하여 주거단지를 계획하며, 특히 도심에서 도로부지를 활용하여 저소득층 주거문제 해결을 위한 임대주택을 건설하는 데 매우 효과적인 입체적 활용이라 볼 수 있다.

다음으로 공원 및 녹지시설과의 결합은 도로의 일부를 지하로 건설하고 그 상부를 녹지 공간 및 오픈스페이스로 조성하는 경우이다. 이 유형은 도심에서 보행 공간 및 도로로 인해 단절된 지역을 연결시키며, 동시에 주민에게 필요한 편익시설을 제공함으로써 쾌적한 도시 환경을 조성하는 효과가 있는데 우리나라에는 양천공원이 대표적이다.

상업시설과 도로의 복합은 특히 고가도로의 하부 공간이나 도로 상부에 인공대지를 조성하여 고속도로 휴게소 및 도심 유휴용지 등으로 활용을 극대화하고 있다.

도로 이외의 도시철도 및 기타 철도시설과 복합정비하는 형태가 있는데 이러한 형태는 도시계획시설로서 복합정비를 함으로써 각각 건설함으로써 발생되는 중복투자를 방지하고 이용객들이 편리하게 여러 대중교통을 환승할 수 있는 이점이 있다. 이는 일본에 관서국제공항 임항타운이나 미국 트랜스베이 터미널 등이 좋은 사례라고 할 수 있겠다.

<그림 4.2> 복합용도에 따른 유형

결합유형	내 용
주거시설과의 결합	• 도로 정비 시 지하차도 상부 공간이나 인공대지로 주거단지를 조성 가능 • 도심에서 도로부지를 활용한 임대주택 건설로 저소득층 주거문제 해결 기대 • 사례 : 독일 슈랑겐 바더 슈트라쎄, 일본 듀프레 니시다이와 단지
공원 및 녹지시설과의 결합	• 도로의 일부를 지하로 건설하고 그 상부를 녹지시설로 조성하는 동시에 보행 공간을 확보하여 토지이용을 극대화 • 사례:양천공원
상업시설과의 결합	• 고가도로의 하부공간이나 인공대지를 이용하 상부에 대규모 상업시설을 조성 • 도심에서 필요한 편의시설 확보 및 상권 활성화에 기여 • 사례: 미국 coply place, 일본 센바센터 빌딩
철도 및 기타 교통시설 결합	• 도시철도 및 기타 철도시설과 복합정비하는 형태 • 철도시설이 모두 도시계획시설로서 복합정비를 하면 이들을 각각 건설할 때 발생되는 중복투자를 방지 • 사례: 일본 관서국제공항 임항타운, 미국 트랜스베이 터미널

4.1.2 철도시설 입체화 유형

철도시설은 크게 철로와 철도역사로 구분할 수 있으며, 철도시설 개발은 협의의 개념으로 철도역사 입체화 개발, 광의의 개념으로 철도역사 및 인접 지역을 포함한 역세권 입체화 개발로 나눌 수 있으며, 근래에 관심이 집중되고 있는 부분이다.

현재에는 철도역사만을 개발하기 보다는 도시철도를 비롯하여 버스 및 택시 등 다양한 대중교통시설을 연계하는 환승시스템을 구축하고, 지역을 활성화하기 위한 수단으로 활용되고 있다. 또한 도시를 가로지

르는 철로 및 면적인 장애시설인 철도차량기지 상부를 개발하여 지역 단절 문제를 해결하고자 다양한 입체화 유형이 제시되고 있다.

1) 철도역사 단일 개발

철도역사의 입체적 개발은 역사 본래의 기능과 상업기능, 연결통로 등의 공공기능과 다양한 공간을 갖고 있는 복합역사의 성격을 띠고 있다. 이러한 복합역사개발은 여러 가지 기능의 연계로 이용률 및 인지도를 상승시켜 정체된 역사와 주변 지역의 새로운 개발 가능성을 증가시키고 있다. 철도시설 개발의 가장 일반적인 형태로 역사 상부를 상업, 업무 등의 복합용도로 개발하여 철도이용객을 유치하는 것으로서 국내 역사 상부개발은 「한국철도법」 및 「사회간접사회시설에 대한 민간투자법」 등의 법률에 의해 민자역사 형태로 개발되고 있다.

일본, 프랑스 등은 도심 내에 있는 철도 및 도시철도를 중심으로 도시재개발 및 도심 활용화를 유도하고 있으며, 국내에서도 서울역, 영등포역, 용산역 등 민자역사의 개발이 활발히 진행되고 있다. 그러나 국내 민자역사는 해외의 사례에 비추어 역사 자체의 기능적 측면에서 다양성을 확보하지 못하고 있으며, 획일적, 단일 건축행위로서 접근되고 있다. 특히 사업의 투자 규모에 비해 점용허가 기간이 짧아 수익성을 증대시키는데 어려움이 있고, 주용도가 백화점, 할인점 등 판매시설 위주로 되어 있어 공공시설로서의 편의시설 부족과 철도 및 다른 대중교통과의 환승체계가 효과적이지 못한 문제점을 안고 있다.

철도역사의 복합개발의 대표적 성공 사례로는 일본의 교토역사와 나고야역사를 들 수 있다. 이들은 모두 단일고층 복합 역사 형태를 가지며 역사시설 및 공공시설 이외에 오피스, 숙박시설, 백화점 등 다양한 상업시설을 갖추고 있다. 모두 도로 및 대중교통, 주차장 등 입체공공보행통로 등을 확보해 보행환경을 개선하고 지역의 상징적 경관을 창출하였다.

2) 철도역사 및 인접 지역 역세권 개발

역세권의 개념은 연구자의 목적·접근방법 또는 법규정에 따라 조금 다르게 나타나고 있으나 우리나라 철도공사법 및 도시철도법 등 철도관련 법에서 규정하고 있는 역세권 개발사업은 (도시)철도사업과 관련하여 일반업무시설, 판매시설, 주차장, 여객자동차터미널 및 화물터미널 등 (도시)철도이용자에게 편의를 제공하기 위한 사업을 역세권 개발사업이라고 규정하고 있다.

역세권개발은 역사부지 및 그 주변을 포함한 일단의 지역 단위의 개발을 통하여 역세권의 사회, 경제, 교통, 문화의 공간을 개발하는 것으로 철도 및 고속철도역을 포함한 역세권개발은 기존역사의 확장 및 재건축과 함께 낙후된 주변 지역을 쇼핑센터, 호텔, 주거 지역 등으로 복합개발을 추진하는 사업방식을 말한다. 역세권개발은 일반적으로 지자체, 민간업체 등이 공동으로 추진하는 제3섹터방식[29]으로 이루어진다. 이러한 방식을 바탕으로 체계적인 계획을 수립한 후 정부, 지자체, 민간이 공동으로 사업을 시행하여 성공적으로 역세권을 개발한 사례로는 프랑스의 릴역과 홍콩의 쿨롱역 등을 들 수 있다.

3) 철로 상부 개발

철로, 차량기지 등은 지역의 연속적인 토지이용의 흐름을 막아 도

---

29) 넓은 의미로 정부, 지방공공단체, 정부기관 등의 공공 부분(제1섹터)과 민간 부분(제2섹터)의 공동출자에 의해 설립하고 공동으로 경영하는 기업의 형태 의미.

시 공간의 단절을 초래하기 때문에 철도 차량기지 노선 상부에 인공대지를 조성하여 복합적 도시기능을 도입할 경우 도시 공간의 연계성 확보 및 도심 내 부족한 개발 용지를 확보할 수 있는 측면에서 큰 이점이 있다.

그러나 철도노선 및 차량기지 상부 역시 공공용지에 해당되므로 사권을 설정할 수 없으며, 토지에 대한 지분이 없기 때문에 일반 분양 공급 및 사용권의 영구적 이전, 인공대지의 조성 및 분양, 상부시설물에 대한 장래의 보수 및 유지 관리에 대한 구체적인 방안 마련이 필수적이다.

철도노선 및 차량기지 상부 개발 사례로는 국내 신정지하철 차량기지에 양천아파트를 건설한 사례가 유일하며, 해외 사례로는 홍콩에 쿨롱베이, 일본 서대화 단지, 프랑스 몽파르나스역 등 다양하게 활용되고 있다.

<그림 4.3> 철도시설 입체화 유형 분류

유 형	특 징	사 례
역사상부 개발형태	• 국내에서는 민자역사의 형태로 개발 • 다양한 대중교통시설의 환승체계 구축 • 지역의 상징적 경관 창출	나고야 역사 / 교토역사 / 서울역
역세권 개발형태	• 체계적 계획에 의한 인접지역 확대 개발 • 지역경제 활성화를 위한 개발 수단	쿨롱역 / 릴 역
인공대지 개발형태	• 철로 상부를 활용한 유효용지 활용 • 도심 내 주거용지 확보의 유용성	양천아파트 / 쿨롱베이 depot / 몽파르나스

4.1.3 기타 도시계획시설 입체화 유형

1) 공원·녹지 공간의 입체화 유형

도시 공간에서 도시만의 필수요소로서 공원·녹지와 같은 open space 에 대한 수요는 증가하는 반면 지가의 상상, 상업적 용도의 개발 압력 등 으로 인해 원활한 확보가 점점 어려워지고 있다. 따라서 도시공원법 등 의 일반적인 공원·녹지 확보 방안을 넘어서 옥상정원, 건물 내 공개공 지 확보 등 법제를 통한 다양한 형태로서의 녹지를 확보하는 것이 매우 중요하게 되었다. 특히 입체적 용도결정을 활용 형태로서 대표적으로 일 본의 입체공원제도를 들 수 있는데 입체공원제도는 '도시 공원의 구역을 입체적으로 정할 수 있도록 한 2004년 도입된 제도로서 용지확보가 곤란 한 지역에 있어서 민간 건물 등의 일부나 옥상 등의 입체적 공간을 활용 하여 도시 공원으로 확보할 수 있는 특징을 가지고 있다. 또한 도시 공간 을 입체적으로 활용할 수 있으며 이는 곧 토지 이용의 효율성 향상과 효

율적인 도시 내 공원의 확보를 가능하게 하는 근거를 제공하게 되었다. 2004년 6월에 도시공원 법의 개정으로 용지 확보가 곤란 한 지역에서 민간건축물의 일부 와 옥상층 공간을 활용하는 공원 설치가 가능하게 됨에 따라 민간 대지나 건축물에서 도시계획시 설로서의 도시공원의 확보로 입 체적으로 가능하게 되었다.

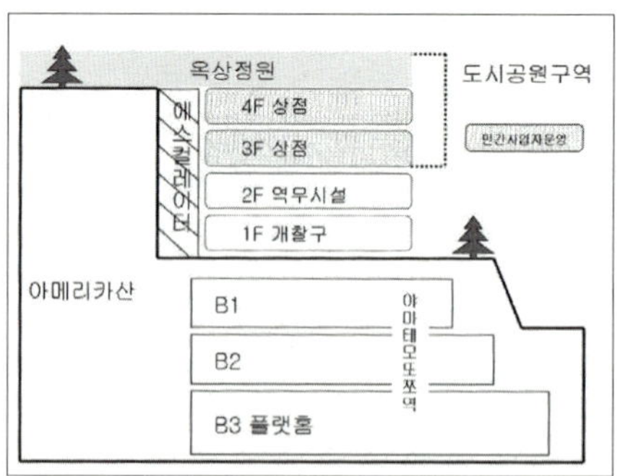

〈그림 4.4〉 아메리카산 입체도시공원 사업

<표 4.2> 일본 입체도시공원 법규 개정

법규	개정 내용
도시 녹지 보전법	·녹지의 보전 및 녹화의 추진을 위한 기본계획의 확충 – 도시공원의 정 비방침 추가 ·녹지보전 지역의 지정 – 도시계획에 녹지보전 지역을 설정할 수 있게 하여 해당 지역 내의 건축물의 신축, 목재의 벌채 등에 대해서 사전 신청제 및 관리협정제도 도입 ·지구계획 등의 구역 내의 수림지 및 초지에 대해서 조례로 목재의 채 벌 등에 대한 허가제를 도입할 수 있게 함 ·도시계획에 녹화 지역을 정할 수 있게 하며 해당 지역 내의 부지가 대규모 건축물의 녹화율은 해당 지역에 관한 도시계획에 정해진 녹화 율의 최저한도 이상이 아니면 안 되게끔 함
도시 공원법	·다양한 주체에 의한 공원관리 장치의 정비를 할 수 있게 함 ·감독 처분에 관련된 수속을 정비 ·임대하여 공원을 설치한 경우 계약 기간의 종료 등에 의해 권리가 소 멸한 경우 폐지할 수 있게 함 ·도시계획법 등에 대해서 지구계획 등의 법정계획사항에 건축물의 녹 화율의 최저한도 및 수림지, 초지 등의 보전에 관한 사항을 추가

이를 활용한 대표적 사례가 일본 아메리카산 입체공원인데 일본에
서도 처음으로 입체공원제도를 활용하여 도시공원을 확보한 사례이다.
본 사례는 '미나토 미라이 21선'의 개통에 의한 광역교통의 편리성이
향상되면서 야마테(山手)지구와 모초토 지구의 급격한 경사 지형으로
인한 보행자의 안전하고 쾌적한 보행자로의 조기 정비의 필요함에 따
라 적용이 시도되었다.

특징으로는 2층 규모의 역사를 4층까지 증축하고 역내에 자유통로
와 승강기를 설치하여 보행자의 회유동선을 정비하였으며 역사 옥상
부분과 아메리카산을 녹색 자연과 오픈 스페이스로 확보함과 동시에
테라스 설치로 조망을 살린 휴식 공간 조성하였다.

본 사례는 입체공원도시제도를 활용하여 공원을 정비하고, 민간의
자본을 적극 유치하여 다양한 형태의 사업 모델을 제시한 우수한 사

례로, 새롭게 증축한 부분에 민간사업자에 의한 상업시설을 도입하여 효율적이고 효과적인 운영을 시도한 사례로 특히 꼽히고 있다.

2) 문화·체육시설 및 유통시설 입체화 유형

문화·체육시설과 입체적으로 복합될 수 있는 형태는 아주 다양하며, 학교, 공공청사, 박물관, 도서관 등과의 복합적 개발은 이미 해외에서 도시 공간의 정비, 공공 공간의 확보를 위해 일반화되고 있다.

일본의 도쿄돔 및 캐나다 스카이돔 등은 경기장을 이용하여 경기장의 본래 목적 이외의 쇼핑, 주차장, 각종 편의시설을 도입해 인구유입을 계획한 대표적 사례로 꼽을 수 있다.

〈그림 4.5〉 문화, 체육시설 및 유통시설 입체화 적용 사례

사례	특징	입체화 적용
도쿄돔	• 규모: 지하2층 지상6층(46,755㎡) • 수용인원 55,000명 • 자가용 유입 최소화 →교통유발억제	• 기존구장의 주차장에 건축 • 돔구장+호텔+테마파크 구성 • '외부공간과의 자연스러운 보행연결동선 조성
아우가	• 규모:지하1층 지상9층 • 총 사업비 185억엔 • 도심전체에 대한 중심시가지활성화계획 + 타운메니지먼트 구상수립	• 아오모리시민도서관+ 상업시설 + 남녀공동참가플라자 • 교류공간과 상업공간의 공동 정비

유통시설을 입체화하는 유형은 유통시설 중 시장을 활용하여 주로 도심기능을 재생하기 위한 방편으로 상업, 주거 등의 조화로운 문화도시를 생성하기 위한 목적으로 가지고 개발하는 것을 볼 수 있다. 외국사례의 경우 지역주민의 자발적인 참여와 기존 상인들의 생활여건 보

장, 지역주민을 위한 공공시설 확보 등이 사업을 추진할 수 있는 원동력이 되고 있으며, 우리나라 역시 재래시장활성화 및 개선사업을 다양하게 펼치고 있다.

4.2 최근의 입체도시계획 적용사례

지금까지 국내 및 해외 사례를 바탕으로 입체적 도시정비가 가능한 유형을 도로시설과 철도시설을 중심으로 도시계획시설과 비도시계회시설의 결합 형태에 따라 분류하고 각각에 해당되는 사례들의 특징을 간략하게 살펴보았다. 과거 입체적 도시정비가 된 사례들로부터 도출된 문제점과 시사점들을 고찰하는 것은 앞으로 입체적 도시정비사업을 계획하는 데 있어 예상되는 문제점들을 사전에 예방하고 좀 더 다양한 형태의 도시정비 방안을 검토하는 데 의의가 있다고 하겠다.

현재 계획 중인 입체적 도시정비 사례 중 도로교통시설, 철도교통시설의 대표적 사례를 각각 선정하여 각 대상지의 현황 및 입체화 계획에 대해 살펴보고, 사업 추진, 시행하는 데 있어 발생되는 문제점 및 개선점, 제도적인 한계 등을 도출하여 실제 사업화하는 데 있어 해결해야 될 문제들을 제한적으로나마 살펴보고자 한다.

4.2.1 도로시설 입체화 - 인천 가정오거리 정비사업(안)[30]

1) 대상지 현황

가정오거리는 인천광역시 서구 가정동에 위치하고, 동, 서, 북 삼면

---

30) 인천광역시, 경인고속도로 노선변경 및 주변 지역 정비 기본구상을 위한 타당성 조사, 2005. 8.

이 산과 녹지에 둘러싸여 있으며, 인천시 중심축에 위치하여 동서, 남북 간 접근 및 이동이 용이한 사통발달 지역으로, 인천시청과 직선거리로 10km, 여의도 23km, 인천국제공항 20km, 청라경제자유구역 1km 지점에 위치하고 있다. 지리적, 입지적으로는 동서방향으로 서측 청라경제자유구역 연결노선 단절과 남북 방향으로는 서곶로에서 서인천IC를 거쳐 경인고속도로를 이용하여 이동 및 접근하는 불완전 연계지역의 성격을 갖는다.

<그림 4.6> 사업대상지 위치도

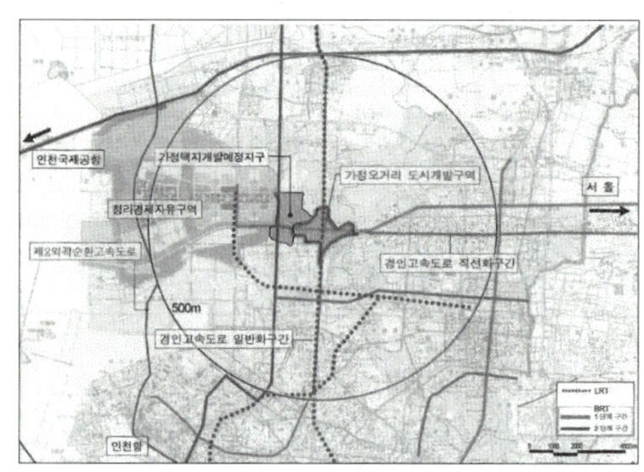

사업 대상지는 인구밀도가 259.2인/ha이며, 서구 인구밀도는 31.9/ha로서 서구 대비해 현저히 높은 인구밀도를 보이고 있으며, 주변의 검암 및 청라지구 등 신도시 개발로 인하여 인구의 급격한 증가가 예상된다.

사업대상지는 용도 지역상 일반주거 지역으로 되어 있으며, 사업대상지 대부분은 주거시설로 도로변은 근린생활시설이 형성되어 있다. 토지소유자별로는 국공유지가 42%, 사유지가 58%로서 사업 추진 시 비교적 계획수립이 용이하다. 건축물은 단독주택 및 공동주택이 67.2%, 주상복합이 16.8%, 근린생활 12.9%, 종교시설 1.1%, 공공 0.8%, 기타 1.2% 순으로 분포하며, 건축물 노후 현황은 10년 이상이 44.6%, 15년 이상이 19.4%, 20년 이상이 17.3 % 정도로 나타나고 있어 노후도가 심한 지역이라고 할 수 있다.

2) 사업추진방식

본 대상지는 면적이 965,980㎡로서 대규모 개발 사업 지역인데 최근에 제정된 「도시재정비 촉진을 위한 특별법」에 의한 도시개발사업으로 추진하고 있다. 시행자는 인천광역시로 시행방안은 수용 또는 사용방식으로 사업의 신속한 추진과 일괄적, 체계적인 도시개발을 가능하게 추진하고자 한다. 사업대상지가 나지 없이 대부분의 지역에 건축물이 분포하므로 주민협조가 사업 추진에 있어 매우 중요하므로 주민 반발을 최소화할 수 있는 보상 및 이주대책을 수립하는 방식으로 입체환지방식을 검토하도록 하고, 토지개발사업에 건축물까지 범위가 확대된 일체화된 도시개발사업을 위하여 프로젝트 파이낸싱기법 도입을 검토 중이다.

「도시개발법」과 「국토의계획및이용에관한법률」과 「도시계획시설사업 및 도시및주거환경정비법」에 의해 도시관리계획에 의한 의제가 가능하다. 또한 지정권자가 인천광역시장이므로 시도시계획위원회 심의를 거쳐야 한다. 개발방식은 입체화계획에 따른 일관성 있는 사업추진과 개발이익의 지역 내 재투자 가능성, 그리고 사업지구의 개발조건과 사업의 공공적 특성 및 시급성 등과 같은 전제조건을 감안하여 공영개발방식으로 사업 추진을 계획 중이다.

3) 입체화 계획

본 사업의 입체화 계획은 네 가지의 개발 이미지를 상정하고 각각에 따른 입체적 공간 계획을 설정하였다. 개발 concept은 우선 도시기반의 입체화에 의한 복합교통거점을 설정하고 도로의 네트워크화를 통해 안전하고 합리적인 도시환경을 실현하며, 환경축을 중심으로 녹화 네트워크를 실현하여 쾌적하고 친근감 있는 도시 공간을 창출하고, 마지막으로 인지성이 높은 시설들을 다양하게 도입하여 주변개발과의 조화를 꾀하는 것으로 설정하고 있다.

〈그림 4.7〉 인천 가정오거리 입체화 계획

입체화 계획	개념도	입체화 목표
계획제의 동서측 양단에 진출입 I.C 설치		• 진출입 램프를 부산 배치함으로써 계획지 내의 교통량 집중을 완화 • 고속도로에서 계획지로의 접근을 자연스럽게 형성.유도
center loop를 중심으로 한 도로네트워크		• center loop 일방통행으로 계획하여 혼잡완화 및 각 가로구획 건물에 자연스러운 자연스러운 동선 유도 • 환상형 도로시스템 구축
고속도로, LRT 등의 입체화		• 경인고속국도, LRT, 서큿로 등 동서남북 방향으로 교차하는 동선을 입체화하여 교차부 복합교통거점을 가능하게 함
지하레벨의 BRT, Taxi ,일반차량 및 주차장의 동선 분리		• 각각의 통행 레벨을 분리하여 전용도로를 설치하여 각각의 차량교통에 방해가 되지 않도록 배려 • 지하차로를 중심으로 각 주차장으로 연결
보행자 네트워크 구축		• 지구전역에 평면적 보행자 네트워크 구축 • 지하보도를 통한 각 가로구획 건물 내 지하층을 연결하는 지하레벨 보행자 네트워크 실현

본 사업지의 도시 골격을 형성하는 계획지내 교통동선의 중핵으로 순환도로(center loop)를 정비하고, 업무·상업, 주택, 주상복합, 공원, 엔터테인먼트 zone 등 4개의 zone으로 구성하여 입체계획을 상정하고 있다. 구체적 입체화는 경인고속도로를 지하화하고, 고속도로에서 바로 주차장과 연결될 수 있는 고속도로 전용 지하주차장과 지하에 일

반도로 및 LRT 역시 경인고속도로 바로 위에 조성하고 일반도로 역시 지하주차장에 즉시 연계하는 구조로 계획하였다. 이를 통해 상부 공간에 주차나 자동차의 통행으로 인한 보행자의 불편함과 위험성을 낮추고, 녹지조성과 보행로를 통해 안전하고 쾌적한 거리를 조성을 하고 있다. 또한 중심부에 체계적인 환승시스템을 비롯하여 광장, 대형 계단 등 여러 편익시설들을 마련하여 자연스럽게 주변과의 네트워크 및 커뮤니티 공간을 형성할 수 있게 유도하도록 하였다.

4.2.2 철도시설 입체화 – 구로 철도차량기지 개발사업(안)[31]

1) 대상지 현황

대상지가 위치한 구로구는 도시 공간구조상 크게 구로, 공단, 시흥, 개봉, 오류 등 5개의 생활권을 중심으로 각 생활권별 다른 특성을 보이고 있다. 또한 경인선과 경부선이 구로구를 관통하고 있어서 철로에 의해 지역 간의 상호 단절이 매우 심한 특성을 보이며, 철로를 경계로 공동주택단지와 단독주택단지로 나뉘어 있으며, 철로변 인근 지역의 경계 지역은 공동 주차장 등으로 쓰이고 있으나, 인적이 드물어 슬럼화되는 경향을 보이고 있다. 반면에 자연존치 지역 등 미개발 지역이 구면적의 30%를 차지하고 있어 개발 잠재력을 내제하고 있다.

구로 철도차량기지 및 인근 지역을 포함한 사업 대상부지는 총 76,600평이며, 용도 지역은 준공업 지역으로 지정되어 있고, 부지 형태는 유선형으로 평탄한 지형이며, 철도부지 내에 차량정비고 및 관련시설이 산재되어 있다. 계획대상부지는 동쪽의 노후화된 단독주택과 서쪽의 공동주택단지에 둘러싸여 소음에 노출되어 있다.

---

31) 한국철도공사, 구로 철도차량기지 개발 타당성 조사, 2005. 4.

구로차량기지는 수도권 전철 광역교통망의 핵심노선인 경부선과 경인선 전동열차의 운용의 요충지로서, 입지적으로 의정부, 인천, 수원 방향 교차 지역에 위치하여 환승, 연계 수송의 중추적 역할을 담당하고 있다. 구로차량기지의 주요 임무는 현재 운행 중인 경부선, 경인선 구간의 구로기지 전동차 전량의 유치 및 검수를 수행하는 것으로 현재 일 533량을 유치, 검수 369량을 소화하고 있다.

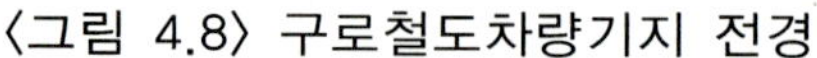

〈그림 4.8〉 구로철도차량기지 전경

2) 사업추진방안

대상부지의 지목은 철도부지이고, 용도 지역상 공업 지역 내 준공업 지역에 해당된다. 현재 사업대상지의 전체 부지 면적의 22.0%인 16,833평이 한국철도공사 소유이며, 나머지 78.0%인 59,767평이 국유지로 구성되어 있다. 사업추진 시 철도공사가 토지임대를 통해 수입을 확보할 수 있는 실질적인 토지보유가 낮아 철도 차량기지의 효율적인 운영을 위해 토지 임대수입 이외에 추가적으로 확보할 수 있는 수입의 종류 및 규모에 대한 세부적인 검토가 필요하다.

<표 4.3> 구로철도차량기지 상부 개발 계획 개요

구 분	내 용
사업주체	한국철도공사
사업시행방법	민자유치를 통한 장기임대 및 한정적 시설운영
검토 사항	역사이용수요, 역사운영 수입, 비용추정, 제반여건, 법적 기준의 적합 여부
적용 법규	○ 철도공사사업추진규정법: 사업범위를 통해 대상부지 활용 가능 사업과 추진방법 검토 －한국철도공사법, 국유재산법, 국유철도건설규칙, 한국철도공사 자산관리규정 ○ 토지용도. 이용관련 규정: 개발철도운영 및 시설자산실질활용 (도입가능시설, 세부시설, 건폐율 및 용적률) －국토의 계획 및 이용에 관한 법률, 도시개발법, 서울시조례

본 사업은 기존 철도차량기지의 운영을 확보하면서 기지의 상부에 인공대지를 조성하여 여러 수익시설을 개발하는 사업이다. 국유재산법에 의해 공공부지를 활용하는 경우 사권설정이 제한되며, 인공대지 특성상 토지에 대한 지분을 가질 수 없으므로 임대방식을 통해 한정적으로 운영해야 한다.

따라서 자유로운 매매나 분양이 가능한 형태로의 용도전환이 선행되어야 한다. 구로역의 인지성 한계 및 인접 지역과의 연계성 확보의 한계로 인해 일반대지나 동일한 방식(민자역사)으로 사업을 추진하는 데 어려움이 예상된다. 또한 본 사업지의 인공대지가 조성되는 범위가 넓고, 자금의 융통성을 위해 구획을 설정해 구획별로 인공대지를 임대부분, 분양 부분, 공공시설 부분 등으로 나누어 조성하고 상부를 개발하는 방식이 고려되어야 할 것이다.

3) 입체화 계획

본 사업은 기존 철도차량기지의 상부를 개발하는 것으로서 인공대지를 조성함으로써 철로로 인해 단절된 지역 커뮤니티를 되살리고 인접 지역의 낙후된 주거 환경을 개선하는 목적을 가지고 있다. 또한 본 철도역사의 역무시설을 더욱 확충하고, 도시 공간 내 공원녹지, 커뮤니티시설 등의 공공시설을 확보하여 지역의 공공성을 확보할 수 있도록 하는 데 의의가 있다고 하겠다.

구로철도차량기지의 입체화 계획은 차량기지와 주변 지역 개발계획과의 네트워크를 고려한 구로 지역의 새로운 도시중심을 형성하는 개념이 되어야 할 것이다. 앞서 말했듯이 철도교통

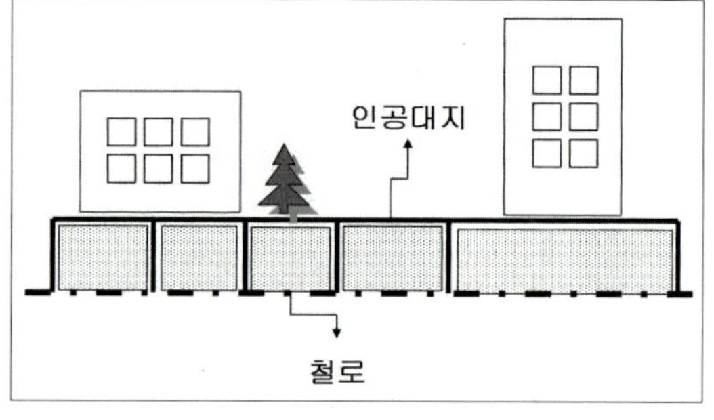

〈그림 4.9〉 대상지 입체화 계획 이미지

구간을 터널화함으로써 상부에 녹지구역을 확대하고 낙후된 주거환경 개선을 위한 새로운 주거시설 및 주민을 위한 편의시설을 확충함으로써 낙후 지역의 재생 방안으로 입체도시계획을 적용할 수 있는 매우 유용한 지역이라 할 수 있겠다.

4.3 입체도시계획 적용의 제도적 문제점

4.3.1 사업시행

1) 도로시설과의 입체화

도로시설과의 입체적 계획을 통해 도시정비 사업을 추진하고 있는

인천 가정오거리 도시정비 사업은 고속도로의 지하화 및 노선변경으로 인한 사업과 동시에 교통의 체증 지역인 가정오거리를 낙후된 인접 지역을 더불어 정비하고자 하는 사업이다. 이를 위해 고속도로를 비롯해서 지하철, 주차장, 녹지시설 등 각종 도시계획시설이 입체적으로 정비되는 계획을 가지고 있다.

도시계획시설 설치구역만 설정해서 개발하는 것이 아니라 주변 정비를 함께 하는 것으로 도로법에서 규정하고 있는 입체적 도로구역 및 입체도시계획을 적용하여 도로 및 도시계획시설의 상·하부에 건축물을 설치하는 계획을 수립하고 있다.

본 사업 대상지가 국·공유지와 사유지의 비율이 비슷하여 다른 사업지에 비해 사업의 추진에 어려움은 적을 것으로 예상된다. 그러나 기존 구도심을 개발하는 것으로 보상비와 공사비가 상대적으로 많이 소요될 것으로 보여 사업시행자에게 사업비를 확보할 수 있는 적절한 토지이용 계획의 수립이 필요하다. 또한 입체적 도시계획의 수립에 있어 상업, 업무 등의 사업 수익적 용도와 공공시설 즉 도시계획시설의 비율을 어떻게 설정하느냐 하는 문제를 숙제로 남아 있다. 즉 사업지의 입지특성, 수용계층, 필요시설 등의 객관적 분석을 통해 적정 규모를 책정하는 것이 무엇보다 중요한데, 전체적 적정 개발규모의 산정 기준이 제시되지 못하고 있어 많은 어려움이 예상되고 있다. 즉 공익과 사익의 적절한 조화라는 측면에서 제도적 보완과 객관적 기준의 제시가 무엇보다 필요하다.

외국의 대부분 도시정비

〈그림 4.10〉 사업시행계획

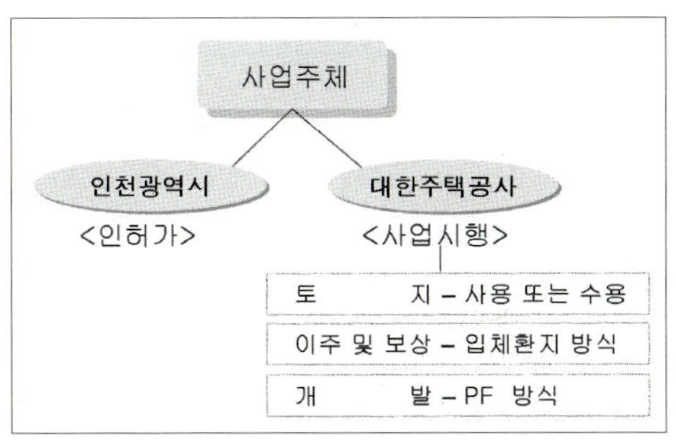

사례들은 지역주민이 조합을 형성하고 민간과 공공이 서로 전체 마스터플랜에 의해 공공시설과 주거, 상업시설 등을 구성비를 결정한다. 또한 지역주민이 공공시설 자금 형성에도 참여하여 입주의 우선권을 주는 등의 공공, 주민, 상업주체 간의 다양한 합리적인 사업모델을 제안하고 있는 것이 우리의 사업 방식과 차이가 있다.

2) 철도시설과의 입체화

철도차량기지 상부를 복개하여 개발하는 사업은 국·공유지를 점용하여 사용하는 것으로 국유재산법에 의해 토지부분양은 허용이 되지 않으므로 상부 개발시설에 대해서는 임대 방식으로 운영해야 한다. 철로 상부에 대한 점용허가는 「철도사업법시행」 제13조에서 철골조·철근콘크리트조·석조 또는 이와 유사하고 견고한 건물의 축조를 목적으로 하는 경우에는 30년이며, 갱신이 가능하나 어느 정도의 갱신과 협의가 가능한지에 대해서는 구체적으로 언급되어 있지 않다. 또한 점용료 산정에 있어 점용하여 행하는 사업의 매출액을 기준으로 산출하도록 되어 있어 초기 사업시행의 사업비 산출에 달려있어 그 기준이 모호하다.

<그림 4.11> 사업시행계획

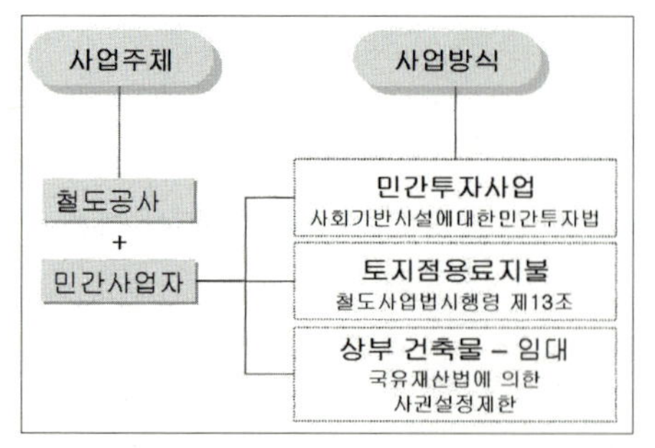

사회기반시설에 대한 민간투자사업을 실시하는 사업은 사업비 확보를 위해 부대사업을 동시에 실시할 수 있으며 부대사업은 「사회기반시설에대한민간투자법」 제21조에서 규정하고 있는 사업으로써 행할 수 있다. 본 부대사업을 시행하는 데 있어

사업비 확보를 위한 상업시설과 주거시설, 공공편의를 위한 공원 및 광장, 저소득층을 위한 주거시설 등 시설 확충 비율이 규정되어있지 않아 현재 민자역사들이 지나친 상업시설 위주의 개발로 이용객들의 불편을 초래하고 있는 문제를 답습할 우려를 낳고 있다. 따라서 입체적 도시계획제도를 활용하여 공공용지(국유지) 등을 활용하는 경우에는 별도의 관리·운영방안, 특히 사후권리관계에 대한 명확한 정리가 필요하다.

4.3.2 관리처분 및 권리관계

1) 도로시설과의 입체화

인천 가정오거리 정비사업은 사업의 신속한 추진과 일괄적·체계적인 도시개발사업으로 추진하기 위해서는 토지는 수용 또는 권리참여 방식으로 사업을 추진하고 지역 주민의 보상은 입체환지방식 등의 다양한 적용이 필요하다. 이러한 방식의 도시개발은 지역주민의 동의와 참여가 사업을 진행하는 데 있어 많은 영향을 미치기 때문에 사업 초기단계부터 지속적으로 지역주민을 위한 사업추진 방식과 사업의 이해도를 높이기 위한 교육이 있어야 하겠다. 사업대상지의 토지소유비율이 국공유지와 민간소유지가 비슷하기는 하나 기존 도심시역이므로 현재 사업방식으로 사업을 추진할 경우 기존 주민들의 반발과 과다한 사업이익의 요구가 예상된다. 또한 입체화 적용에 대한 이해도가 낮으면 본 사업의 필요성 및 각종 권리변환에 대해 지속적인 저항이 예상된다. 이러한 문제점들 때문에 일본에서도 '道路空間高度化機構'[32]에

---

32) 본 기구는 재단법인으로서 사람과 지역의 양호한 관계를 지향하고, 도로 공간의 유효, 고도이용과 관계된 다양한 조사연구를 하고 있다. 크게 9가지 역할을 하고 있는데 그중 도로공간고도화사업을 잇는 사회실현과 합의를 위한 지원을 하고 있다. www.dourokunkann.or.jp 참조.

서는 해당 사업 주민들을 위한 교육을 실시하는 프로그램이 다양하게 운영되고 있다.

현재의 전면 토지의 수용을 통해 사업을 추진할 경우 오픈 스페이스를 제외한 도로 및 도시철도, 주차장시설을 모두 지하에 계획하고 상부에는 주거 및 상업시설을 조성하게 되고, 상업이 종료되면 도시계획시설은 지자체에 기부채납이 된다. 본래 도시계획시설이 지하에 위치하게 되고 지상에 건축물을 조성할 때에는 그에 따른 부지 점용료를 지불하나 이와 같은 사례는 민간용지의 지하에 도시계획시설이 존재하는 것인지, 공공부지 상부에 건축물이 조성된 것인지에 대해 불명확하다. 전자의 경우라면 토지소유자에게 지하에 대해 입체이용저해율로 산정한 금액을 보상해야 하며, 공공부지를 점용한 것이라면 점용료를 지불해야할 것이다. 만약 도시정비사업으로서 각각 점용료를 지불하지 않기로 약정했다 하더라도 장래 건축물이나 도시계획시설의 재건축 및 재정비시 서로 부지에 대한 권리가 문제가 될 확률이 크다고 본다. 도로로서 계획하려는 부지가 사유지라면 터널로서 규정하는 일본의 입체도로제

도 권원처리 방안과 같이 토지 및 상부 건물에 대한 소유권은 개별소유자에게, 도로 측은 구분지상권을 설정하여 도시계획시설로 활용하는 방안을 마련해야 할 것이다.

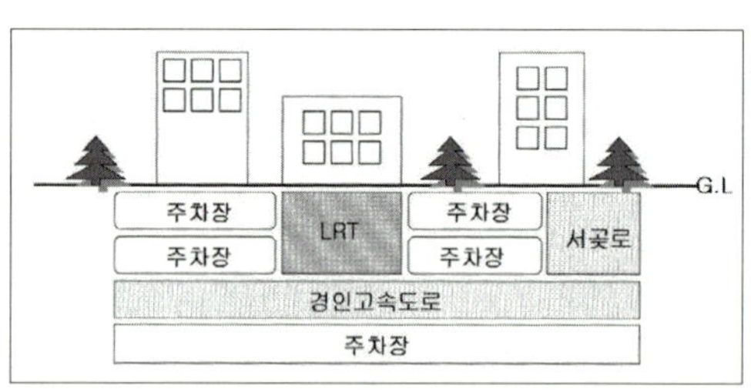

〈그림 4.12〉 인천 가정오거리 입체적 단면도

2) 철도시설과의 입체화

구로철도차량기지는 철도공가가 직접적으로 사업을 시행하는 경우

국유지가 78%, 한국철도공사가 22%를 소유하고 있으며 철로 복개 시 역무시설을 제외하고 철도공사부지의 점유율이 매우 낮아 상대적으로 국유지 활용에 한계로 인해 사업 추진의 어려움 중의 하나라고 할 수 있다. 철로 상부를 복개하여 건축물을 계획하는 것은 기존 철도역사를 민간사업자가 개발하여 역무시설개선 및 점용료를 통해 수익을 얻고 일정 기간 후 전체 시설이 기부 채납되는 시스템과는 다르다. 철도공사 측은 상부 공간에 대한 점용료만을 받을 뿐이며, 상부시설물에 대한 소유권 및 임대료는 사업시행자에게 있기 때문이다. 이전의 신정지하철차량기지 양천아파트의 사례는 상부에 저소득층을 위한 임대아파트를 조성하고, 그 시행 또한 공공기관이 담당하였기 때문에 다른 문제점이 발생하지 않았다.

국공유지인 경우 상부개발시설은 주거지나 상업시설 등 시설의 종류에 상관없이 매매가 불가능하도록 규정되어있다. 신정차량기지 상부개발에서도 알 수 있듯이 아파트 단지 내부에 있는 상가 상인들은 매매권이 있지 않아 자신의 재산권을 행사할 수 없는 한계가 있다. 또한 토지에 대한 지분이 없는 이유로 인공대지 상부에 조성되는 모든 주거지가 임대의 형식으로만 제공되는 것은 지속적인 입체개발을 위해 반드시 해결되어야 할 부분이라 생각된다. 그래서 철도공사 측의 사업성을 높이기 위해서 운영권에 대한 비용을 책정해 철도공사의 수익 및 역무시설의 유지·관리 등을 위해 사용하는 방안을 제시될 필요가 있으며, 일부 매매 등의 사권 행사를 가능하게 하는 제도적 규정이 마련되어야 할 것으로 본다.

〈그림 4.13〉 철도입체화의 어려움

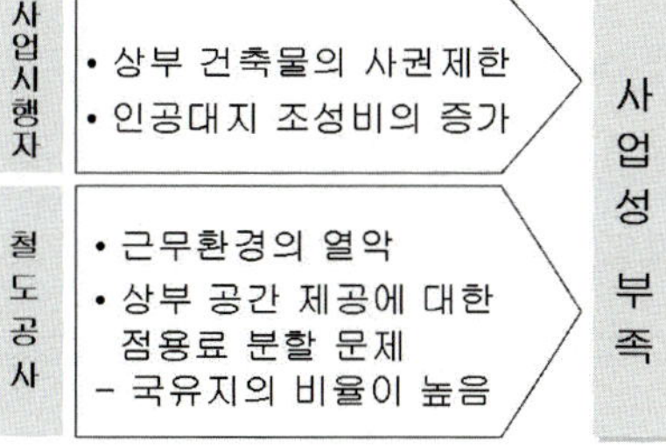

4.3.3 사후관리

1) 도로시설과의 입체화

도로시설의 입체화를 통해 오픈스페이스 및 녹지 공간, 입체보행로 등 공공편의 시설 및 각 네트워크 공간에 대한 사후 관리에 대해 도시계획시설의 관리주체와 건물 소유자 및 수익자 간의 협의가 필요하다. 건물 소유주가 관리를 하는 부분에 있어서는 그 관리 범위를 명시해야 하며, 인공테크의 사후 안전사고 및 지속적인 관리를 위한 책임소재를 분명히 해야 할 필요가 있다. 낙원상가의 사례는 도시계획시설인 도로 상부에 개발한 형태이나 상가 하부 도로와 인접한 기둥 및 구조물에 대한 안전관리 등에 대한 책임소재가 명확하지 않아 사고가 생길 경우 건물주와 도로 및 토지의 권리를 갖고 있는 도시계획시설 관리주체 간의 책임 소재가 불명확하다. 특히, 도시정비차원에서 건물을 개보수하거나 재건축할 경우 도로와 연관된 구조물의 사용주체 및 관리주체의 설정이 현행법으로는 애매한 상황이다. 따라서 이러한 도시계획시설과 비도시계획시설의 접점부에 대한 사후관리 및 권원에 대한 추가 입법이 보완되어야 할 것이다.

2) 철도시설과의 입체화

철도시설의 점용 기간은 30년으로 한정되어 있으며 갱신도 가능하게 되어 있으나 30년 후 기부채납을 하였을 경우 시설의 사후 관리 규정이 없는 실정이다. 현재 신정지하철차량기지 상부개발의 사례는 인공대지 및 상부시설은 서울도시개발공사에서 전적인 책임을 지고 있으며, 인공대지 하부 공간 철도 관련 시설은 서울지하철공사에서 담당하고 있다. 하지만 본 사례는 서울시 산하의 양 기관이 사업성과 관계없이 공공사업 성격으로 진행되었기 때문에 진정한 의미에서 일반적인 입체도시계획 사업을 수행했다기보다는 정책적 이슈에 의해 특수한 해결을 한 사례라 할 수 있다. 그러나 이와 유사한 철도기지 상부나 철로 상부를 민자유치사업 또는 도시정비사업으로 추진할 경우 현행법으로는 30년 동안의 점용 기간이 허용되고 있을 뿐 좀 더 적극적인 사후관리 및 다양한 시설을 도입하기 위한 방안은 부족한 상황이다. 따라서 철도기지 및 철로상부의 개발은 입체도시계획제도 및 공중권 활용제도 등 좀 더 적극적인 제도의 도입과 입법적 보완이 필요하다고 하겠다.

제5장 입체도시계획의
도시정비사업 활용방안

5.1 도로교통시설의 입체화 방안

도시계획시설 중 도로교통시설은 대단히 큰 비중을 차지하고 있으며 실제로 도심에서 도로의 확장이나 노선변경, 신설 등으로 인한 사업부지의 확보가 매우 어려운 상황이다. 이러한 도로교통시설의 입체화를 보다 활성화하기 위해서는 기존의 입체도로제도를 적극적으로 활용하고 제도적 문제점 등을 보완할 필요가 있다. 국내에서는 1999년에 입체도로제도를 도입했으나 그 적용 사례가 드문데, 이는 시행착오 등을 겪어 성립된 제도가 아니라 현실적 필요성에 의해 큰 골격의 제도는 우선 도입되었으나 현장에서 실제 적용하기 위한 세부지침이 부재한 상태이기 때문이라 판단된다. 현재 도로법 및 건축법 등의 개정을 통해 성립된 입체도로제도의 미비한 부분을 보완하고 앞으로 도로시설의 입체적 활성화를 위한 방안을 살펴보도록 하겠다.

5.1.1 입체도로제도 활용을 위한 세부지침의 부재

국내 도로법에서 규정하고 있는 입체적 도로구역의 범위는 도로구역을 결정 또는 변경하는 경우로, 일본에서 도로의 신설 또는 개축으로 그 범위를 한정하고 있는 것과는 조금 차이가 있다. 일본은 제도적으로 도로의 종별을 한정하고 있지는 않으나 이 경우의 개축은 새롭게 토지에 관한 권원(도로 관리자가 도로부지에 대해 지니는 소유권, 구분 지상권 등의 권리)을 취득하는 개축에 한정된다. 따라서 공용이 끝난 도로에 대해서는 새롭게 권원을 취득하여 확장하는 경우에는 확장 부분에 대해서만 입체적 구역을 정할 수 있으며, 기존의 도로 폭 가운데에서 이루어진 중앙 분리대의 설치, 보도의 확충, 입체 횡단시설의 설치 등의 개축의 경우에는 그 대상이 되지 않는다. 또한 입체적 구역을 결정할 때에는 공시하는 사항으로 도로의 종류, 노선명, 부지의 폭원, 연장, 입체적 구역으로 하는 구간 등이며 입체적 구역이 결정된 도로에 대해서는 토지 수용법상 토지의 사용으로 취급한다.

또한 일본 「건축기준법」 제44조의 도로 내 건축제한의 대상이 되는 건축물을 건축할 수 있는 도로의 종별은 주로 자동차 전용도로 및 특정 고가도로 등이나 터널로 간주되는 도로의 상공이나 고가구조 도로 노면 아래 부분의 경우 등은 도로 내 건축제한의 대상이 되지 않고 있으며, 그 도로의 종별은 특별히 한정되어 있지 않다.

현재 국내 법안에는 입체적 구역이 필요하다고 인정하는 때에는 지상 또는 지하의 공간에 대해 상하의 범위를 정할 수 있으며 도로의 결정과 변경 시에 가능하다.(도로법 제50조2) 그러나 도로의 결정과 변경이 권리의 새로운 성립과 관계가 있는 지에 대해서는 명확하지 않으며, 입체도로를 설정할 시 토지는 토지재결위원회에 의해 수용 또는 사용을 재결하고, 부동산등기법에 따라 구분지상권 또는 지상권을 설정하도록 되어 있으나 입체도로구역을 세부적으로 결정하는 하위규정이나 세부 기준이 명확하지 않아 이를 실제 사업에 적용하기가 쉽지 않다.

<표 5.1> 입체도로에 대한 국내와 일본 규정 비교

규정내용	일 본		국 내
도로의 입체적 구역결정	도로법	제47조 2,5	도로법 제50조2
도로일체건물에 관한 협정		제47조 6	–
도로일체건물 협정의 효력		제47조 7	–
도로일체건물의 사권행사 제한 등		제47조 8	–
도로보전입체구역		제47조 9	도로법 제50조 3
도로보전입체구역 내의 제한		제48조	도로법 제50조 4
도로보전 협의사항			도로법 령 제28조
도로시설의 입체화 계획 (도시계획시설)	도시계획법 제12조5항 도시재개발법 제7조5항 : 지구계획 및 재개발계획에서 설치		국토법 제43조 : 도시관리계획으로 결정. 계획
도시계획 내 도시시설 정비 시 입체적 범위 결정	도시계획법령 제11조 3항 : 이격거리 및 재하중 한도		–
건축허가절차의 생략	도시계획법 53조1항 4호		건축법 제3조(적용제외)
터널도로의 건축제한 완화	건축기준법 제42조		–

5.1.2 입체도로 시행 시 토지와 건물의 권리문제

도로시설을 입체적으로 활용하기 위해 국내에서도 1999년 입체도로 제도를 도입하여 도로법 및 건축법의 개정을 통해 그 적용이 가능하게 되었다. 국내 개정된 도로법에서는 도로의 입체적 구역을 설정한 후 토지의 상부에 한해 구분지상권을 설정하도록 하고 있으며 이는 토지에 관한 소유권외의 권리를 가진 자 및 그 토지에 있는 물건에 관하여 소유권 기타의 권리를 가진 자와 구분지상권의 설정 또는 이전을 위한 협의를 거쳐야 한다고 규정하고 있다(도로법 제50조2). 이와 다르게 지하에 대해서는 토지수용위원회의 수용 또는 재결에 따라 설정하고 이전하며, 이후 단독으로 「부동산등기법」 제115조, 257조를 준용하여 설정과 이전이 가능하다고 명시하고 있다. 이러한 절차를 거쳐 「도시철도법및도로법에의한구분지상권등기처리규칙」에 의해 지상과 지하 부분에 대해 구분지상권을 등기설정할 수 있으며 존속 기간은 도로가 존속할 때까지로 명시하고 있다. 그러나 정작 입체도로제도가 도입된 이후 그리 활성화되지 못하였는데 이는 우리나라가 토지와 건축물을 각각의 권리를 설정하는 법제도와 국유재산법상 공공부지 상부에는 사권을 설정할 수 없는 규정으로 인해 적용상 한계가 있다. 또한 입체도로제도를 적극적으로 활용한 사례가 없어 앞으로 입체도로제도를 운영하는 데 있어 혼란이 예상된다. 우리나라와 마찬가지로 토지와 건축물을 별개의 권리로 규정하고 있는 일본은 입체도로제도를 도입한 이래 매우 여러 형태로 적용하고 있는데 입체도로와 관련하여 토지와 건축물의 권원문제를 보면 다음과 같이 해결하고 있다.

일본에서는 건물과 토지의 권원에 대한 협의는 먼저 도로와 건물이 분리되어 있는지 일체되어 있는지로 구분하는데, 도로일체형은 건물이 도로를 직접적으로 받치고 있는 형태로서 건물이 붕괴되면 도로 역시 붕괴되는 구조를 말한다. 이와 다르게 분리구조형은 도로를 받치고 있는 부분이 건물과는 독립적으로 설치되어 있는 형태를 일컫는다. 도로일체형은 토지에 대한 권원은 공유지분으로 하고, 도로 측은 건물 측에게 사용 권리를 취득하고 건물은 건물 측의 소유가 된다. 이와 다르게 분리구조형은 건물과 토지에 대한 소유권은 모두 건물 측이 가지며 토지에 대해 도로 측은 구분지상권을 설정하는 것으로 권원을 분리한다.(그림 5.1 참고)

〈그림 5.1〉 도로일체형(좌) 및 분리구조형(우) 권원 설정(일본)

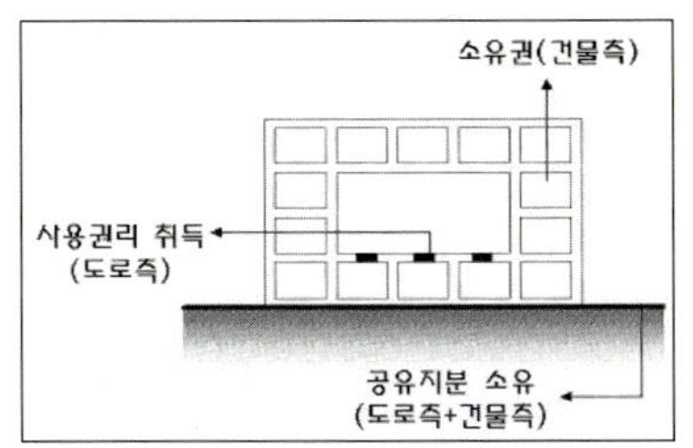

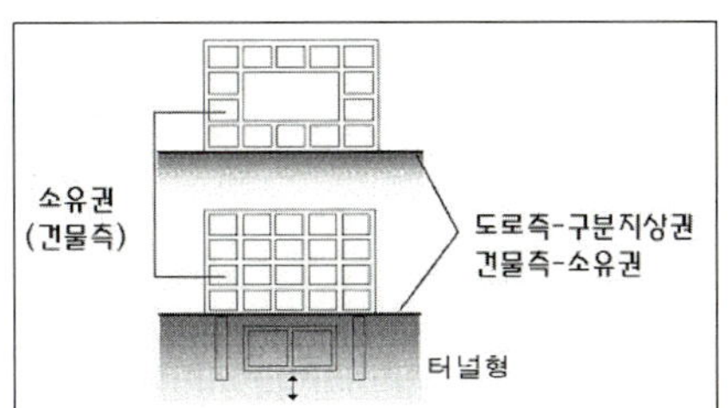

일본에서는 도로일체건물에 대해 도로관리자와 지권자 등(건물소유자)과의 협정에 의해 도로일체건물에 관한 협정을 체결하고, 그 취지 등을 공시, 열람을 행하도록 하고 있다. 이러한 협정 체결이 없으면 제3자에 대항할 수 있는 도로의 권원을 취득할 수 없게끔 되며, 이것은 협정 체결의 협의가 조정되지 않는 경우에는 분리구조의 입체도로를 정비하는 것으로 본다.(일 도로법 제47조6)

우리나라의 낙원상가는 위의 분류 기준에 의하면 분리구조형으로 볼 수 있으나 도로가 공중에 있지 않고 도로가 지상에 위치하고 건축물이 상부를 이용하고 있는 형태로서 위의 기준에 맞추는 것은 무리가 있으며, 낙원상가는 도로부지가 사유지와 국유지가 서로 혼합되어 있는 상태이므로 명확하게 토지의 권원을 구분하기가 어렵다. 이러한 사례는 도로와 건축물이 일체된 경우 토지에 대해 협정을 통한 공유지분으로 하는 일본의 제도를 활용하여 토지를 협의로서 공유지분으로 하고 점용료를 면제하는 방법을 도입할 수 있겠다. 또한 인천 가정오거리처럼 고속도로를 지하화하는 경우는 위 기준으로 보면 분리구조형의 터널형에 포함되며 인천광역시가 도로에 대한 구분지상권을 가지며 상부 건축물 및 토지에 대한 소유권은 민간에게 돌아가는 것으로 도로부지임으로 국유재산법에 의해 사권을 설정이 제한의 예외에 해당하나 현재 국내에 터널형 도로에 대한 규정이 없어 적용이 쉽지 않다.

<그림 5.2> 국내와 일본의 입체도로 권리설정 비교

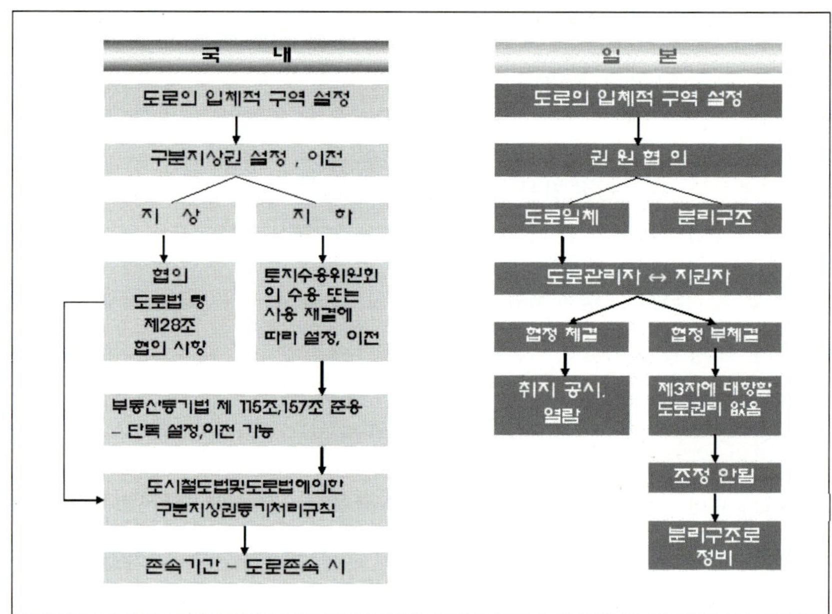

5.1.3 터널형 도로에 대한 규정

도로의 입체적 구역은 토지의 지상, 지하 부분에 걸쳐 결정하는 것으로 여기서 말하는 지상은 곧 공중을 뜻하는 것이다. 즉 도로의 입체적 구역에서 공중에 건축물을 설치하거나 지하에 설치하는 경우로 나눌 수 있으며, 공중에 설치할 때에는 협의를 통해 구분지상권을 설정한다. 지하에 설치하는 경우는 토지 및 건물의 소유자 등과의 협의를 거치지 않고 토지수용위원회의 재결을 통해 단독으로 구분지상권을 설정, 이전할 수 있다. 그러나 터널형의 도로인 경우 별도의 규정이 없으며, 상부에 건축물을 설치할 경우 상부 토지가 도로부지로서 국공유지인 관계로 국유재산법에 의해 사권설정에 제한을 받아 점용에 의한 기부채납을 하게 된다. 이는 터널형의 도로 상부에 설치할 수 있는 건축물의 용도 역시 공공시설로 제한하게 되는 규정이며 도로법의 입체도로로 결정하고 개발을 하더라도 권리관계의 한계로 인해 적용상 문제점이 있다.

이러한 한계를 막고자 일본에서는 「건축기준법」 제42조에서 도로에 대한 정의를 규정하는 내용에 지하에 위치하는 경우도 포함한다고 명시함으로써 터널 상부의 건축물이 건축제한을 받지 않는다. 즉 지하를 통과하는 도로가 건축기준법의 적용상 터널이라고 판단되면 그 도로의 지상부에 있어서 건축기준법상의 도로 내 건축 제한의 규정은 적용되지 않으며, 도시계획시설에 관한 도시계획제한의 규정 적용에 대해서도 터널 상부에 있어서의 건축물의 건축은 허가대상으로서 취급된다.

한편, 지하의 도로가 터널이 아닌 것으로 판명되면 건축기준법의 도로 내 건축제한의 규정, 도시계획시설 내의 도시계획 제한의 규정이 적용된다. 따라서 지하의 도로가 터널로 판명되는지 아닌지에 의해 도로 상공의 지상부에 있어서 건축물의 건축이 허가되기 때문에 지구계획 등이 필요하게 되는지에 대한 절차상의 커다란 차이가 나타나게 된다. 일본에서 지하의 도로가 터널인지 아닌지에 대한 판단은 건축주 및 도로 관리자에 의해 이루어지는 것으로 생각되나, 지금까지는 기준적 지침이 명시되어 있지 않은 관계로 전례나 공법, 심도, 지상부에 대한 영향 등을 종합적으로 고려하여 사례별로 접근하고 있다.

<그림 5.3> 터널형 도로에 대한 입체화 규정(일본)

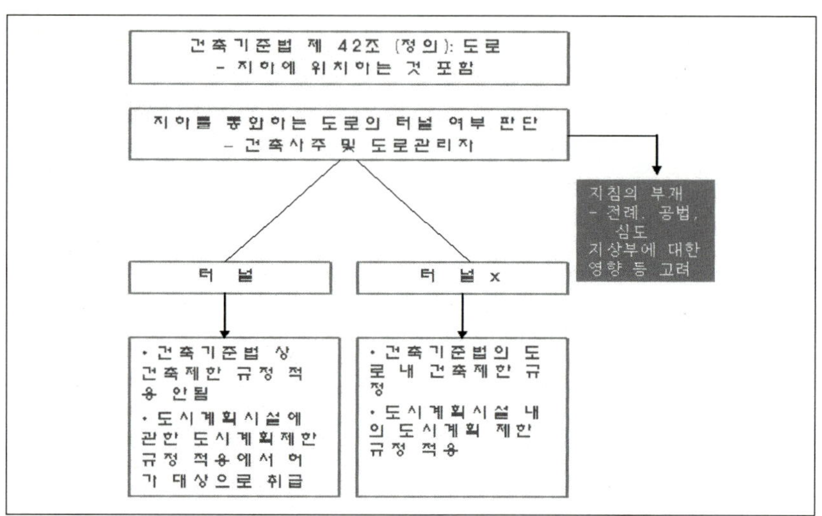

우리나라 역시 터널형 상부에 건축물을 설치할 경우 이 도로가 도시계획시설로서 결정되어 있으면 건축법의 제35내지 37조의 규제를 받지 않으나, 「건축법」 제2조에서 "도로"라 함은 보행 및 자동차통행이 가능한 너비 4미터 이상의 도로(지형적 조건으로 자동차통행이 불가능한 경우와 막다른 도로의 경우에는 대통령령이 정하는 구조 및 너비의 도로)를 말하며, 지하에 위치하는 도로에 대한 명시가 없어 도로법이나 국토법 등에 의해 신설, 변경된 도로로서 명시되지 않을 시에는 건축법에는 포함되지 않는 것으로 보인다. 그러므로 건축법에 도로 정의에 지하에 위치한 도로(터널형)를 포함함으로써, 인천 경인고속도로를 지하에 설치할 때 이를 도로의 입체적 구역으로서 결정하고, 토지의 지상부분에 건축물을 설치하여 건축물에 협의에 의한 구분지상권을 설정할 수 있도록 개정해야 도로 및 건축물에 대한 관계가 명확해지고 민간사업자의 사업참여가 효율적으로 이루어질 수 있을 것으로 기대된다.

5.1.4 주차장 등의 입체적 활용

〈그림 5.4〉 도로의 부속물로서 건물의 일부 층을 이용한 주차장의
입체화 설정(일본)

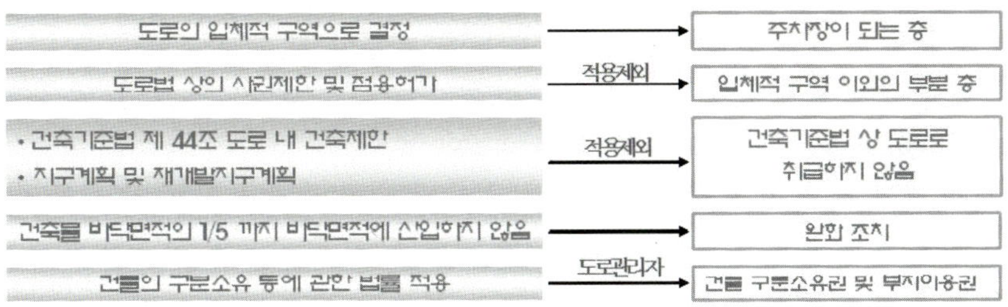

일본의 경우 도시계획시설로서 교통시설에 포함되는 주차장의 입체적 인 활용 또한 활발히 이루어지고 있는데 입체도로제도를 활용하여 정비 는 도로의 부속물로서 건물 일부 층을 주차장으로 결정하고, 주차장이 되는 층을 도로의 입체적 구역으로 정함으로써 입체적 구역 이외 부분 의 건물에 대하여 도로법상의 사권제한이나 점용허가의 적용이 제외되 게 한다. 또한 주차장은 도로의 기능은 가지고 있지 않기 때문에 건축기 준법상 도로로 취급되지 않으며 「건축기준법」 제44조 도로 내 건축제한 의 적용 역시 받지 않으며 지구계획 또는 재개발 지구계획을 필요로 하 지 않는다. 주차장은 건축물의 바닥면적 5분의 1까지는 바닥면적에 산입 하지 않으며 주차장에 대해서 건물의 구분소유 등에 관한 법률을 적용하 며 도로관리자가 구분소유권(부지에 대해서는 부지 이용권)을 가진다.

국내에서는 건물 상층 일부를 주차장으로 조성하는 사례는 많지만 이를 도로와 연관시켜 도시계획시설로서 입체도로제도를 적용한 예는 없다. 앞서 살펴본 인천 가정오거리 사례의 경우 경인고속도로와 일반 국도에서 각각 지하의 다른 층에 직접 주차장을 연계하는 방식을 취

하고 있다. 이때 도로와 함께 입체도로제도를 적용해 입체적 구역으로 설정하고, 주변의 다른 건물과의 연계를 통해 건축물의 용적률 및 건폐율 등의 완화 규정의 적용을 받을 수 있다.

이외에 입체적 계획이 가능한 도시 모노레일, 신교통시스템, 노상주차장, 노상 주륜장 등 일반적인 도로의 기능을 하지 않는 것들에 대해서는 「건축기준법」 제42조의 도로로서 취급하지 않기 때문에 도로법의 도로이더라도 「건축기준법」 제44조의 도로 내 건축 제한의 규정은 적용되지 않는다.

〈그림 5.5〉 도로부속물 주차장과 입체도로제도(일본)

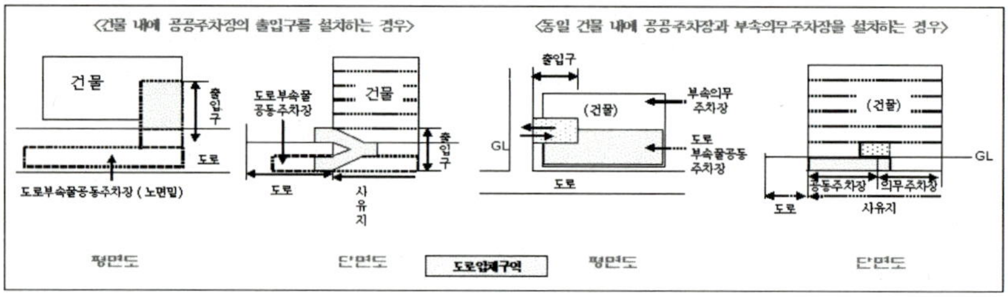

국내에서는 주차장을 건물 지상층에 계획하거나 노상주차장, 도로와 연결되는 주차장 등 여러 형태의 주차장이 있으나 이를 입체도시계획과 연결시켜 입체적 도시계획시설 결정을 한 사례는 아직 없다. 향후에 인천 가정오거리 정비처럼 도로와 직접 연결되는 주차장을 계획하고 일부 지상 건물에서 직접 이용할 수 있는 주차장의 경우 해당 구역을 도로입체구역으로 지정하여 활용하는 방안도 검토해 볼 필요가 있다.

5.1.5 입체도로제도를 통한 도시정비사업의 활용방안

일본의 도시계획법, 도시재개발법에서 도로의 입체적 활용은 자동차 전용도로(자동차만의 교통을 위해 제공되는 도로) 및 인접부와 출입이 불가능한 구조(터널, 고가 등)의 도로(특정 고가도로 등을 말함) 정비와 함께 건축물의 정비를 일체적으로 행하는 것이 적당하다고 인정되는 경우에는 도로구역 가운데 건축물의 부지로 함께 이용해야 하는 지역(중복 이용 지역)을 지구계획 또는 재개발 지구계획으로 정할 수 있도록 규정하고 있다. 이를 통해 당해 지역 및 그 주변 지역에서 양호한 시가지 환경의 유지 및 증진을 기할 수 있도록 하고 있다. 또한 건축기준법에서는 자동차 전용도로 및 특정 고가도로 등의 상하 공간에 설치하는 건축물 가운데 지구계획 또는 재개발 지구계획의 내용에 적합하고 안전상 장애가 없다고 인정되는 경우 행정청의 특별승인을 통해 도로 내 건축제한을 해제할 수 있다. 이에 의해 자동차 전용도로 및 특정고가도로 등의 상하에 일정 요건을 만족하는 건축물의 건축이 가능하도록 하고 있다.

<그림 5.6> 도시계획법 및 도시재개발법상 입체도로 정비 방식(일본)

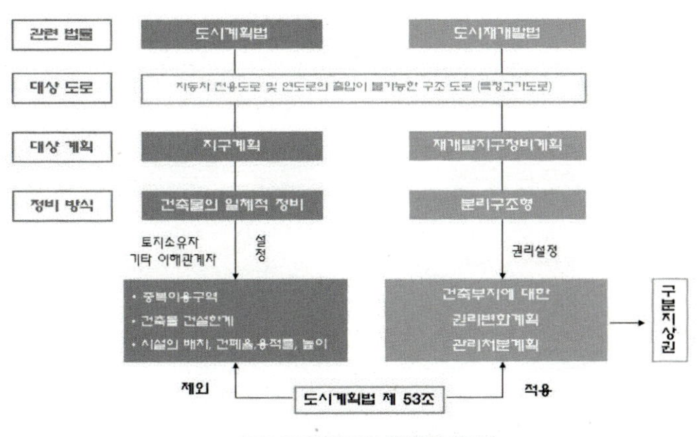

즉 도시계획구역 내에서 지구계획 또는 재개발 지구계획을 통해 도로와 일체화된 건축물을 건축하는 경우, 또는 도시계획시설인 도로를 관리하는 것으로 되어 있는 자가 건축물을 건축하는 경우는 「도시계획법」 제53조[33]의 적용을 제외하고 있다.

지구계획 또는 재개발 지구계획에 있어서 도로, 공공용지 등의 지구계획시설의 배치 및 규모, 건축물의 용적률, 건폐율 등의 형태 제한 등을 별도로 정하도록 하고 있으며, 재개발지구계획에 의해 입체도로의 정비를 행하는 경우에는 주변의 공공시설의 정비 상황을 감안하여 용도 지역에 관계되는 도시계획에 정해진 용적률을 초월하는 용적률을 설정하는 것도 고려하고 있다. 또한 입체도로제도를 활용하여 정비되는 건축물의 도로 부분의 면적에 대해서는 바닥면적에 포함되지 않도록 규정하고 있다.

<그림 5.7> 입체도로제도 적용 흐름(일본)

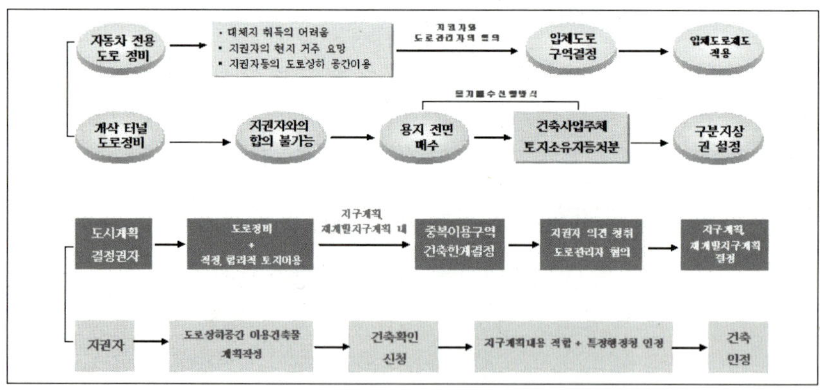

---

33) 지하에 해당범위를 설정하고 이격 거리의 최소한도와 재하량(載荷量)의 최대한도를 정한 도로 등의 도시시설의 구역 내에 있어서 행해지는 건물의 건설에 대해서는 해당 이격거리와 재하량의 제한에 적합한 것은 도지사 및 각 지자체 장의 건축 허가가 필요 없게 되었다.(도시계획법 53조 1항 4호)

국내에서는 「국토의계획및이용에관한법률시행령」 제43조에서 규정하고 있는 제1종 지구단위계획구역의 지정대상 지역에 '지하 및 공중공간을 효율적으로 개발하고자 하는 지역'이 포함되어 있으며, 또한 도시계획시설을 입체적으로 개발할 경우에는 도시관리계획으로 결정하도록 하고 있다. 그러나 도로의 결정과 변경을 입체도로제도를 통해 도시정비사업으로까지 확장하는 사업이 앞서 살펴본 여러 규제적 이유로 인해 활성화되고 있지 못한 실정이다. 또한 도로 및 도로부지 등과 연계되어 개발된 낙원상가나 청계상가 등의 경우는 대부분 주상복합 형태의 단일 건물 형태여서, 공공부지를 활용한 것으로 점용료에 대한 문제, 현재 입주자들의 권원문제 등은 오늘날 주변 지역의 도시계획적 개발에 지장을 초래하고 있는 실정이다.

<그림 5.8> 국내 입체도시계획제도 관련 법률 개정 방향

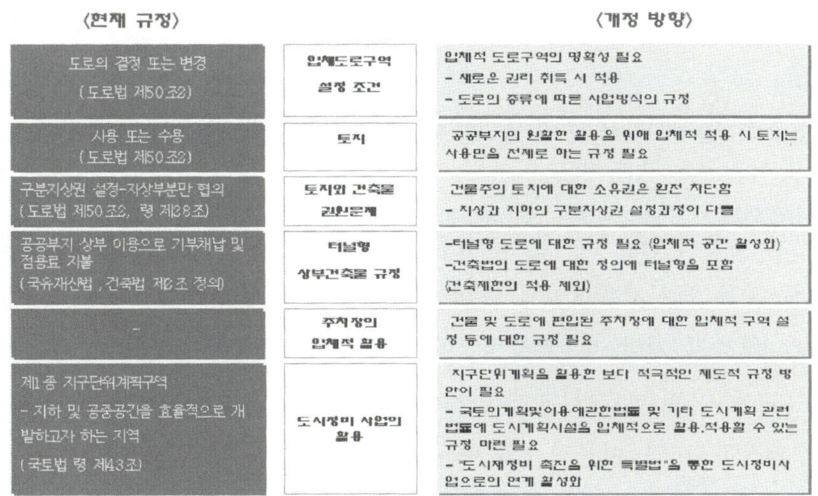

현재 입체적 도로 계획을 통한 개발은 신도시 등 도로부지 확보가

용이한 곳에서부터 적용하고는 있으나 기성 시가지 내에서 이러한 시도는 아직 이루어지고 있지 않고 있다. 이는 앞서 살펴본 토지와 건축물의 권원문제가 가장 큰 걸림돌로 보이며, 이러한 부분을 법률의 개정으로서 해결할 수 있다면 앞으로 도시재생을 위한 뉴타운 정책 및 도시재정비 등 여러 기성시가지 활성화 사업을 효율적으로 시행할 수 있을 것으로 기대한다. 이외에 현재 국내 도로법에는 고가도로 하부공간은 점용허가를 받아 도로법에서 규정하고 있는 시설을 설치할 수 있도록 하고 있으나, 공원이나 주차장 등의 단순용도로 상업·업무기능을 갖춘 건축물 계획의 수준에는 미치지 못한 실정이다. 따라서 지구단위계획, 입체도로계획 등을 적용하여 건축법 완화 등의 절차를 통해 좀 더 다양한 용도로의 개발과 활용이 필요한 시점이라고 하겠다.

5.2 철도교통시설의 입체화 적용 방안

5.2.1 민간투자사업을 통한 철도시설의 입체화 방안

철도교통시설은 한국철도공사법, 철도사업법, 도시철도법 등 제도적으로 다른 도시계획시설에 비해 체계적으로 규정되어 있으며, 오래전부터 역세권 개발 및 역사개발이 지속적으로 진행되어 왔다. 철도는 1970년대 이후 급격한 경제성장과 도시팽창으로 과거의 철도역사시설을 개선하고 역 이용객들의 욕구를 충족시키기 위한 노력으로 과거 철도청은 1977년 대구역과 성북역을 민자역사화하기 위해관련 제도를 제정하여 민자역사 건립을 추진하였다. 이를 바탕으로 이후 '국유철도재산의 활용에 관한 법률'이 제정되어 서울민자역사 개발계획이 수립되어 1989년 최초의 서울민자역사가 준공되었으며, 이후 1995년에는 '국유철도 운영에 관한 특례법'이 제정되었으며, 현재에는 민간투자를 활성화하기 위해 「사회기반시설의 민간투자사업법률」을 바탕으로 민자역사 개발을 활발히 진행하고 있다. 현재 서울역을 비롯하여 용산역, 영등포역 등 대부분의 철도역사들이 민자역사 추진 방식으로 개발을 하였으며, 현재 신설역의 개발에 있어서도 광범위하게 추진되고 있다. 이처럼 민자역사가 인기를 끌고 있는 이유는 역사부지의 부동산 가치가 높고 상업시설의 분양을 통해 수익성을 올릴 수 있기 때문이다. 일반적으로 민간참여란 공공 부문이 담당해 오던 영역에 민간 부문이 자본과 경영기법, 기술 등을 제공함으로써 공공 부문의 비능률성을 제거하고 사회적 효율성을 증대시키고자 하는 노력으로 이해할 수 있기 때문이다.[34]

일본에서는 우리와 같은 민자역사 개발사업을 국철의 경우 1965년대에 그 기원을 두고 있으며 1971년 政令개정에 의해 출자역으로서 시작되었다. 이 정식명칭은 '여객터미널시설'로 명명되었으며 역의 본질적인 기능인 철도의 시발·종착·환승기능에 호텔 및 쇼핑센터를 조합시켜 복합적으로 개발하려는 목적으로 시작되었다.[35] 일본에서의 민자역사개발의 목적은 우선 한정된 공간에서 그 입지를 향상시키기 위한 개발수법으로서, 역사 및 자유통로의 건설계획을 통해 역주변의 도시시설까지 확대 개발하고자 하는 목적에 의해 시도되었던 것이다.

우리나라의 경우 지방자치단체나 철도공사가 시설이 노후하였고 사업성이 있다고 판단되면 지하철과 연계된 기존 철도역사들을 민간자본을 유치하여 상업시설을 갖춘 복합역사 사업 운영에 있어서, 역사

---

34) 변창흠, 민자유치를 통한 사회간접자본 확충의 성격과 한계, 공간과 사회 5, 1995.
35) 역)곽노상, 일본의 민자역사 개발사업 −동일본철도, 한국철도, 1998, p.29.

개발 규모 및 구조적인 사업운영, 용도활용 등에 있어 여러 문제점이 발생할 수밖에 없었던 근본적 이유로 여겨진다.

1) 역세권개발을 통한 입체도시계획 활성화 한계

철도시설의 대표적 사업은 역사와 더불어 인접 지역을 개발하는 역세권 사업이 대표적이라 할 수 있다. 국내 법률에서는 한국철도공사법과 도시철도법 등에서 이를 사업으로 규정하고 있으며 각각 철도공사와 도시철도건설자 및 도시철도공사를 사업시행자로서 명시하고 있다. 그러나 역세권 사업에 대해서는 모두 법률적 근거와 역세권의 지리적 범위 및 사업적 범위는 법률로서 명시하고 있으나, 이들의 구체적인 사업의 개발방식, 개발계획 수립절차, 토지취득과 재원조달, 기반시설 비용부담, 사업시행, 개발결과의 관리처분 등 역세권 특성이 반영된 구체적인 제도적 조치 및 내용 등이 없는 상황이다.

현재 지속적으로 이루어지고 있는 민자역사 중심의 역세권개발은 역사 자체개발에 중점을 두고 있으며, 역사에 중심이 되는 쇼핑센터와의 연결에만 집중하고 있다. 따라서 이용객들을 위한 입체보행로 시설 및 공공편익시설 등에 대해 사업시행자, 민간투자사업자, 지자체 간의 합리적 협의가 미흡한 상태이며, 역세권 개발을 하는 데 있어 무엇보다 중요한 주변 도시계획 및 도시현황 등과의 조화가 부족하다.

앞으로 민자역사와 더불어 역세권개발은 철도 및 도시철도를 포함해 활발하게 이루어질 것으로 예상된다. 입체도시계획으로서 이를 효율적으로 개발하기 위해서는 철도시설이 도시계획시설인 만큼 입체적 도시계획시설로 결정하여 반드시 보행로와 공공편의시설 및 동선체계를 효과적으로 계획하고, 역세권 범위에 포함되는 지역 중 사유지 및 사유건물주와의 협의를 통한 자유통로 및 보행로 등의 건설에 협조할

시 용적률 등의 건축허가를 완화하는 인센티브 제공을 고려해 볼 필요가 있다. 그러나 이를 위한 민간사업자와 철도공사 및 지자체의 입체도시계획 활용을 위한 의견 협의가 가장 먼저 이루어져야 할 것이며, 도시계획시설을 개발하는 데 있어 반드시 입체적 도시계획을 수립하도록 하는 것이 우선되어야 할 것이다.[36]

<표 5.2> 국내 역세권개발 관련 법률(민봉동 2005, 재구성)

구 분	고속철도	일반철도	도시철도
근거법률	고속철도건설촉진법	한국철도공사법(법 9조,13조) 한국철도시설공단법 (법7조, 23조, 령 24조)	도시철도법 (법 4조의5, 령4조의5)
사업시행자	–	철도공사	도시철도건설자, 도시철도공사
역세권 개발가능 여부	–역세권개발사업에 대한 명시가 없음 : 고속철도건설사업에 고속철도의 선로 및 역시설로 한정	–한국철도공사법에서 역세권개발사업의 근거는 있으나, 역세권의 범위 이외에는 명시되어 있지 않음 –사업의 내용, 개발방법, 절차 등의 규정이 없어 사실상 개발이 곤란함	–역세권개발사업의 범위를 업무, 판매시설, 주차장, 여객자동차터미널 및 화물터미널 등 도시철도이용자의 편의시설로 한정

2) 점용기간 및 점용료 산정

민간투자사업 방식을 간략하게 살펴보면 철도역사의 역무시설 및 각종 편의시설, 상업시설 등을 설치한 후 점용을 통해 시설물을 운영하는 경우에는 점용 계약 기간이 만료하면「철도사업법」제46조에 의

---

36) 서울시의 지구단위계획구역 계획수립 현황을 보면 철도부지는 용적률, 건폐율, 용도 지역을 구체적으로 정하지 않고, 즉 사업자가 계획을 수립해서 제시할 경우 대응하는 방향으로 구체적 계획을 유보하고 있는 실정이다.

해 원상회복의 의무가 있으며 영구시설물이라 곤란한 경우에는 당해 시설물이 국가에 귀속되도록 하고 있다. 이러한 방식은 철도공사 측은 적은 자본으로 역무시설 및 전체 역사를 새롭게 조성할 수 있으며, 사업시행자는 철도역처럼 유동인구가 많은 교통의 결절점을 사업지로 활용할 수 있어 높은 개발이익을 회수할 수 있다는 장점이 있다. 그러나 이러한 이점을 이용해 민간기업들이 인센티브 지원을 대폭 요구하는 동시에 사업시행에 있어서도 각종 시설물 사용료의 인상 등을 통해 수익성을 확보하기 위한 방안에만 골몰하고 있다는 것이 문제점으로 대두되고 있다.

현재 법규정으로는 점용 기간을 30년으로 한정하고 있으며, 이는 「철도사업법시행규칙」 제28조에 의해 연장할 수 있도록 되어 있다. 이 기간은 국외에서 공공부지 등의 점용 기간을 90년 이상으로 규정하는 것에 비해 턱없이 짧은 기간이라 할 수 있으며, 오히려 30년의 점용 기간 동안 사업비를 회수하기 위해 사업시행자가 지역주민 및 이용객들의 편의시설 보다는 상업시설 위주의 지나친 개발로 인해 주변 교통체증을 유발, 역사건물의 공공 공간 부족 등의 문제점이 발생하고 있다.

점용 기간을 보다 합리적으로 산정할 수 있는 방법을 마련하여 공공시설인 역사시설이 도시 공간의 중심 공간으로 역할을 할 수 있도록 유도할 필요가 있다. 합리적 산정방법에는 여러 가지가 있겠지만 민자역사개발처럼 공공성과 수익성을 동시에 요하는 개발은 시장가격에 대한 수정가격, 즉 모든 재화, 용역 및 생산요소의 가치를 평가하는 사회적 기회비용을 동시에 산정하도록 하는 규정을 마련해야 한다는 주장도 제기되고 있다.

물론 이 점용 기간은 계약 기간 만료 후 시설물 원상회복을 하거나 철도공사에 귀속 또는 점용허가를 30년 더 연장이 가능하도록 되어 있다. 그러나 점용 기간을 연장할 때 다시 점용료에 대한 산정을 하면 그동안의 사업이익을 바탕으로 할 때 점용료의 지나친 부과로 인해 임대인들에게 임대료의 부담으로 돌아갈 수도 있는 우려가 있으며, 사업자 측에서는 점용 기간을 연장하면서까지 장기간 동안 투자비를 회수하는 계획을 세우려하지 않을 것으로 예상된다. 오히려 점용료가 아닌 민간사업자에게 점용허가만을 내주고 대신 공공시설과 역무시설 등을 장래 확장가능성, 환승시스템 등 여러 측면들을 미리 계획하고 비용을 부담하도록 하고, 점용 기간만을 산정하여 기간 만료 이후에만 기부채납이나 점용료를 산정하는 방향 등을 검토해 볼 필요가 있다.

일본에서는 이전에 국철역사에 민간사업자에 의해 상업시설을 조성할 경우 민간사업자가 국철용지의 사용허가를 받아 사유지와 일체로 사용하거나, 상부 사용료를 지불하여 건축물을 소유하는 대신 건물의 일부를 공공용도로서 제공하는 형태 등을 띠고 있다. 일반적으로 국철용지위에 민간빌딩이 건설된 경우에는 토지건물 등 대부규칙에 의한 사용승인에 의해 처리되는 것이 통례이며, 이러한 사용승인은 공적처분으로 빌딩의 소유권이전에 따라 당연히 사용승인이 인계된 것이 아니라는 것으로서 국공유재산의 사용승인과 마찬가지이다.[37]

3) 복합민자역사 입체적 개발 방향

현재는 국유철도의 운영에 관한 특례법 및 시행령이 폐지되고 한국철도공사법 및 시행령으로 개정되면서 역무시설의 연면적 10% 이상의 규정이 사라져 전체 역사의 용도별 면적 규제가 없는 실정이다. 초기 민자역사 개발을 하는 데 있어 공공업무 공간의 확보를 위해 역사 비율을 10분의 1의 규정을 두었다. 그러나 현재 역사 및 공공시설 등

---

[37] 공중권제도연구, 한국도로공사, 1993 p.242.

의 공공성 부분에 대한 규정이 없어 민자역사개발 후 역무시설, 공공 공간의 부족을 유발할 수 있으며 앞서 제시된 문제점들이 더욱 악화될 소지가 높다. 또한 현재 복합민자역사는 구조적으로 과다한 상업시설 위주의 용도 편중과 보행로를 쇼핑몰 또는 대형 쇼핑센터를 지나치도록 계획되어 반드시 이를 이용하지 않아도 되는 이용객들도 멀리 돌아서 가야 하는 불편들이 야기되고 있으며, 이는 앞에서도 살펴보았듯이 사업자의 이익 확보를 위한 동선체계 구성에 원인이 있다고 하겠다. 이러한 우려를 줄이기 위해서는 공공시설에 대한 최소한의 공간을 확보하는 등의 규정이 필요할 것으로 생각되며, 이는 장래 늘어날 이용객을 어느 정도 예상하여 하나의 용도에 치우치지 않도록 결정되어야 할 것이다. 이는 역사개발과 같은 공공투자사업의 가장 큰 목적은 제한된 자원을 합리적으로 사용함으로써 사회적 편익을 극대화하는 것이기 때문이다.

현재 국내의 민자역사들의 복합역사 구조는 높은 지가와 부지의 협소함을 극복하기 위하여 역사부지에 고밀도의 복합민자역사를 건설한 일본의 사례를 따른 것으로 대부분의 철도역사들을 철도여행객들을 위한 역사기능 위주로 개발한 유럽의 경우와는 다르다.[38] 프랑스 릴역의 경우 역사 단독 개발이 아닌 주변 개발과 복합적으로 이루어졌으며 지자체와 주민의 적극적인 노력으로 역 주변에 교육시설, 공원, 호텔, 쇼핑센터 등 주민들 및 여행객들을 위한 편의시설과 여러 교통의 효과적인 환승체계를 구축해 이용객들의 편의를 돕고 있다.

복합민자역사의 입체적 개발 방향은 우선 효율적인 동선체계, 다른 교통시스템과의 효과적인 환승체계 구축, 인접 지역과의 연결을 위한 입체적 보행로를 비롯해 선로 상공을 이용한 건축물 계획 등을 들 수

---

38) 변창흠 위 전게서.

있으며 이는 철도시설이 도시계획시설로서 규정되어 있는 만큼 민자 역사 개발을 하는 데 있어서 반드시 입체적, 복합적 차원의 도시관리계획 및 주변관리계획의 수립 아래 주변 환경과 서로 조화를 이루는 개발계획이 수립되도록 해야 할 것이다. 도시관리계획 및 주변관리계획의 수립 아래 주변 환경과 서로 조화를 이루는 개발계획이 되도록 해야 한다. 또한 앞서 살펴본 여러 문제점들을 해결하기 위해서는 민간사업자와 철도공사, 지자체, 지역주민들의 서로 밀접한 의견 협의가 제도적으로 마련되어 도시계획시설의 공공성을 확보하는 동시에 이용자 및 주민의 편익을 증대시킬 수 있는 방안이 마련되어야 하겠다. 이는 앞으로 철도시설을 활용한 복합역사시설뿐 아니라 역세권개발 등 모든 개발계획을 수립하는 데 있어 공공 도시계획시설로서의 기능을 충실히 하는 데 매우 필요한 조치라 하겠다.

5.2.2 철로 상부 입체화 개발 방안

1) 입체보행로 설치

〈그림 5.9〉 국내 철로 상부 입체보행로 법적 현황

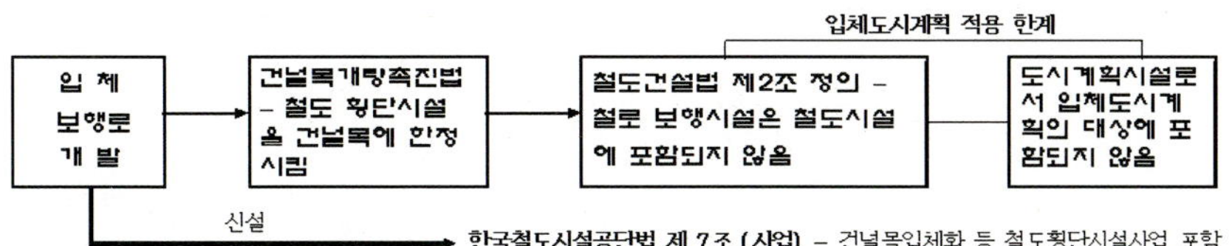

그동안의 철도 사업은 역사 개발 및 역세권 개발 등 철도공사의 수익사업 위주로 개발을 진행해 왔다. 그러나 이용객들의 편의시설 확충 및 효과적인 환승체계의 구축도 개선되어야 할 문제이나 실제로 철도

시설 중 철로가 차지하는 비율이 매우 높다. 또한 철로로 인해 지역이 단절되어 지역 발전에 불균형을 초래하고, 철로의 무단횡단으로 인해 일어나는 인명사고 또한 매우 높다. 이러한 사고 및 지역 불균형 등의 문제를 개선하기 위한 방안으로 도시의 중요한 부분을 차지하는 철로 상부의 입체적 개발과 활용은 매우 필요한 실정이다. 철로 상부를 입체화하여 활용하는 방식으로는 철로로 인해 단절된 지역을 연결하는 입체보행로를 조성하는 동시에 입체보행로와 연계하여 다양한 형태의 공공편익시설의 도입도 가능할 것으로 본다.

입체보행로는 양쪽 건축물을 연결하여 통행로를 만들어 보행자들이 안전하게 횡단할 수 있도록 하는 것으로 이때에 입체보행로는 철도시설로서 도시계획시설에 포함할 수 있으며 그 구역을 입체적 도시계획시설로서 결정하여 도시계획시설과 이 시설을 지지하는 시설의 보존 구간으로 구분하여 볼 수 있다. 이를 도식화하면 다음과 같은데 이는 철도부지 상부를 활용하는 것으로 통행로 구조물에 대한 소유권과 점용료, 사후 관리에 대한 것을 건물 소유주와 철도공사의 협정으로 협의에 의해 결정될 수 있도록 할 수 있을 것이다.

〈그림 5.10〉 철도용지 상부 자유통로 입체화
구역(新都市 - 立體都市計劃制度の活用 참조)

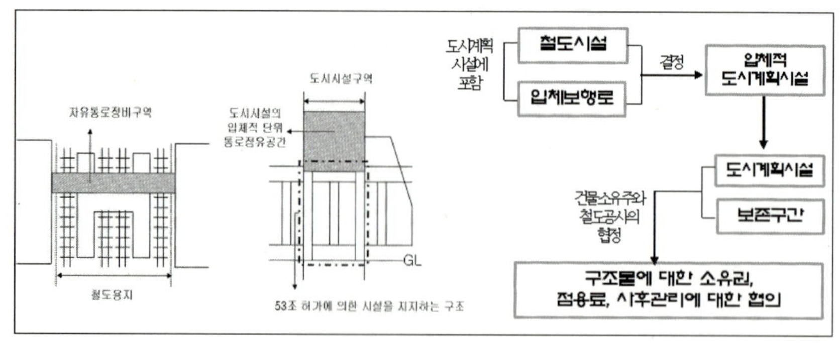

현재 국내의 철로 횡단시설사업은 철도시설 관련 사업으로 포함되어 있지 않으며 철도를 횡단하는 시설은 건널목으로 한정되어 「건널목개량촉진법」에 의해 도로 및 철로의 건널목 사업이 추진되고 있다. 따라서 철로를 횡단하는 입체보행시설 역시 철도시설로 포함시키고 도시계획시설로서 개발되어 보다 안전하게 철도시설 인근 주민 및 이용객들이 통행할 수 있는 여건을 마련해야 할 것이다. 또한 철로 주변의 민간 건물의 활성화와 주민 편익을 도모할 수 있는 방안이 가능할 것으로 본다. 일본의 역세권 정비의 경우에는 대부분 공공시설인 역사 주변에 위치하고 있으며 다양하고 입체적인 동선체계를 유도하여 도심부의 재활성화를 시도하고 있다. 이를 위해서는 민간건물에 대해서도 입체적 도시계획시설 구역으로 결정하여 건물주와의 구조물에 대한 소유권, 점용료 등 사후 관리에 대한 사항이 구체적으로 법률적으로 명문화되어야 할 것이다.

2) 철로 상부 인공대지 조성

철로 상부를 활용하는 방법으로 인공지반을 조성하여 상부를 활용하는 사례로는 우리나라에서는 신정지하철차량기지 양천아파트 조성 사례가 있다. 그러나 양천아파트 사례 이후로 철로 상부에 인공대지를 조성하여 개발한 사례는 없으며, 이는 철도공사 측의 사업적 이익이 크게 산정되지 않고, 현재 작업 공간을 인공지반으로 덮음으로써 근로환경이 열악해지는 것을 우려하는 점 등을 원인으로 볼 수 있다. 몇몇 차량기지를 활용하기 위한 시도는 있었으나 여러 가지 이유로 인해 사업이 빠르게 진행되지는 않고 있으며, 특히 상부에 조성되는 건축물의 권리관계 및 용도별의 적정 규모 산정 등 해결되어야 할 문제점들이 남아있어 적극적으로 활성화되지는 못하고 있다. 신정차량기지와 같이 철로 상부에 인공대지를 조성하여 임대아파트를 공급하는 것은 민자역사개발과는 다르게 사업성 측면에서는 논의하기 어려운 점이 많다고 할 수 있다. 따라서 주상복합 등의 분양상품 개발을 전제로 소유권 등의 관계가 정립된다고 하면 일정한 수익과 도시 내 주택의 공급이라는 정책적 지원이 이루어져야 할 부분이다. 아울러 철도부지의 입지를 고려한 사업성 있는 사업의 추진도 가능할 수 있을 것이다.

일본에서도 인공대지를 조성하여 상부에 임대아파트를 계획한 사례가 있으며, 특히 프랑스에서는 몽파르나스, 리브고슈 등 철로 상부 입체적 활용이 매우 활성화되어 있다. 일본에서 철로 상부에 인공대지를 조성한 사례의 경우 각각의 권리관계는 철도 측이 민간사업자에게 용지에 대한 사용승인 및 허가를 내주는 것으로 하고 상공 사용료를 지불하거나, 토지권리를 철도 측이 회사 측에 양도하고 개발 후 권리를 분할하는 수법으로 계약에 의해 지상권을 설정, 건축물이 존속하는 기간 중에는 무상으로 사용하는 형태를 지니기도 한다. 그러나 이것은 모두 국철의 경우에 해당되는 사례이다.[39] 또한 일본은 철도회사가 스스로 단순히 민자역사의 부동산 임대업에만 멈추지 않고 그 공간을 스스로 활용하여 호텔, 소매업을 비롯한 주변 분야까지 사업을 확장해 나가는 경향을 보이고 있다. 그래서 점차 직접 사업을 담당하여 사업을 다각화하였으며 이를 통해 쇼핑센터사업계에 본격적으로 진출을 하는 등 철도 측의 부지를 최대한 활용하여 사업적 이익을 창출하려고 노력하고 있다.[40]

---

39) 공중권제도연구, 한국도로공사, 1993.
40) 역)곽노상 위 전게서 p.30.

<그림 5.11> 철도상부 인공대지 조성 입체화 사업

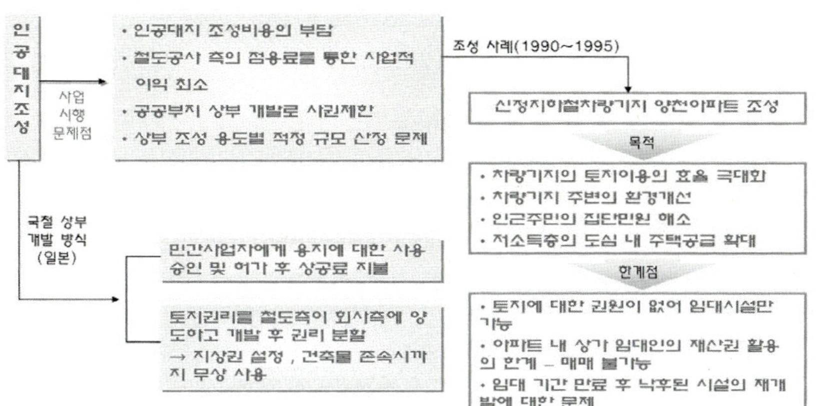

철로 상부를 활용하여 조성하는 주거지 및 상업시설 등은 인공대지라는 특성상 토지에 대한 권원이 없으므로 임대 또는 한시적인 점유관계의 설정밖에 할 수 없는 한계를 가지고 있다. 그러나 권리관계, 점용료 등을 명쾌하게 설정하여 영구적인 소유권인 점, 개별적 등기, 매매 등이 가능한 주거, 업무, 상업시설 등의 유치도 충분히 가능한 상황이다. 다만 상부에 사업자의 사업비 확보를 위해 조성되는 상업시설, 공공편의시설, 오픈스페이스 등 각 용도별로의 적정 규모 및 관계 설정이 쉽지는 않은 상황이다. 만약 상부시설에 대해 역시 공공성과 수익성을 모두 고려할 때 이에 대한 사업자와 토지소유자(정부, 철도공사 등), 지자체, 수분양자들이 협의될 수 있는 방안이 마련되어야 할 것이다.

철로 상부를 활용하는 것은 반드시 민간사업자나 인근 주민들의 주거 환경 개선을 위해서만 필요한 것은 아니다. 도심 내에서 주거·업무 등의 분양시설과 공공편익을 위해 필요한 가용지를 대신할 수 있는 대지로서, 공공의 이익과 도시환경의 개선과 더불어 다양한 형태의 도시 공간 창출을 위해서 앞으로 반드시 활성화되어야 할 부분이라고 본다.

5.2.3 지하철과 사유 건물의 연계방안

현재 지하철과 사유 건물의 연결통로에 대한 규정에 대해서는 서울특별시도시철도공사에서 제공하는 지하철 연결통로 설치, 업무협의절차를 살펴보면 우선 설치대상구역은 현재 운영중인 도시철도(5,6,7,8호선)이며, 148개의 역사에 걸쳐 연결통로를 설치할 수 있다. 통로의 규모는 폭 6m 이상으로 높이 3.2m 이상으로 내장 및 설비는 도시철도시설 기준에 준하고 있다. 연결통로 형식은 공공출입구 겸용과 건물전용통로로 사용할 수 있으며 기존 출입구를 원칙으로 하며 기타 도시철도 기능상 지장이 없다면 지정위치 이외에 다른 위치를 지정할 수 있으며 시설을 보완하거나 지장물을 이설하는 것은 신청자가 부담해야 한다. 이에 대한 설계 및 공사비는 전부 신청자가 부담하며 연결통로의 용도는 공공용지내에서는 도로시설로 한정한다.

재산권에 대해서는 공공용지 내에서 있을 경우는 서울시에 준공과 동시에 귀속 또는 기부채납되며, 신청자부지 내일 경우에는 신청자의 지하토지사용은 무상이며 이에 대해 지하철공사 측이 구분지상권을 설정하도록 한다. 시설물에 대한 유지관리는 제반유지관리비용, 즉 수도, 전기, 청소 등은 모두 신청인이 부담 관리하는 것으로 한다.

허가사항은 신청자가 기본계획을 수립하고 사업계획서를 작성한 뒤 관할구청에 허가를 받아 도로점용허가로서 지장물 협의와 도시계획심의를 통하도록 한다. 도시철도는 도면 및 통로 설치부 동선 및 구조를 검토한 후 협약체결과 기술을 지원하는 것으로 한다.

제 6 장 | 맺음말

제6장 맺음말

오늘날 도심에서는 도시민을 위한 기반시설 및 각종 편의시설을 확충하기 위한 공간을 확보하고 사업을 시행하는 것이 점점 어려워지고 있는 실정이다. 이것은 상대적으로 높은 지가로 인한 보상비 증가와 가용지가 부족한 상황에서 인구 집중과 더불어 더 높은 수준의 삶의 환경에 대한 요구수준이 꾸준히 증대되고 있어 이를 수용하기 위해 필요한 도시시설은 늘어가고 있기 때문이다. 이러한 현상에 착안하여 본 글에서는 도심에서 도시계획시설을 중심으로 도시 공간의 효과적인 활용과 도시기반 시설을 확보하기 위한 방안으로 입체도시계획제도에 대한 적용방안을 검토하고자 하였다. 이를 위해 국내외 사례 및 제도를 살펴보고 우리나라에 적용하기 위한 제도적 개선방안을 제시하는 데 그 초점을 두었다. 특히 입체도시계획제도는 도시계획시설을 정비하는 제도로서 본 글에서는 가장 활용과 공공성이 높다고 판단되는 도로시설과 철도시설에 중점을 두고 살펴보았다.

먼저 도로시설의 입체적 활용을 위해서는 현재 도입된 입체도로제도의 적극적인 적용과 본 제도의 문제점을 개선하는 것이 필요하다. 현재 입체도로제도를 위해 개정된 도로법 및 건축법 등에서는 도로를 활용하여 시행할 수 있는 다양한 사업화 방안에 대해 뒷받침할 만한 제도가 마련되어 있지 않다. 특히 건물과 도로의 유형에 따른 권리 부분은 사업 진행을 망설이게 하는 원인이 되고 있다. 일본의 경우 도로와 건물의 결합 유형에 따라 각각의 권원관계를 분명히 하고 있으며,

터널형 도로 및 도시계획 내 도시시설 정비 시의 입체적 범위결정 등을 법적으로 근거를 마련해 놓고 있다. 특히 초기의 단일 도로정비에서 벗어나 도시계획을 통해 도로정비와 주변 도시정비를 함께 계획하는 사업이 증가하고 있어 입체도로제도를 보다 넓은 범위에서 적용하고 있는 실태를 보이고 있다.

현재 국내 도로시설의 입체적 활용을 위한 법률과 관련하여 앞으로 개정해야 할 부분은 다음과 같다. 우선 입체적 도로구역을 명확하게 결정할 필요가 있다. 즉 새로운 권리 취득 시 적용을 하거나 도로의 종류에 따른 사업방식을 규정하는 등의 개정이 요구된다. 또한 사업 시 토지를 사용 또는 수용하는 것으로 명시하고 있어 혼란을 줄 수 있으므로 공공부지의 원활한 활용을 위해 입체적 적용 시 토지는 사용만을 전제로 하는 규정을 고려할 필요가 있다.

다음으로 토지와 건축물의 권원문제이다. 현재 국내 법안으로는 국유재산법에 의한 사권 제한으로 건축물 소유자는 건축물이 사라지는 동시에 모든 권리가 사라지는 형태를 띠고 있어 이러한 권원 부분을 규정짓는 일이 시급하다. 이것은 건물주의 토지에 대한 소유권을 완전 차단하는 것으로 지상과 지하의 구분지상권 설정 과정의 차이 역시 검토가 필요하다.

현재 도로법에는 지하도로도 포함되어 있으나 건축법상 도로에 지하도로가 포함되어 있지 않아 입체적 공간의 활성화에 문제가 되고 있다. 건축법상 도로에 지하도로를 포함하여 상부 건축물이 건축제한 적용에서 제외하여 보다 넓은 부분으로 입체적 활용이 가능하도록 한다.

마지막으로 도로의 입체적 결정을 도시정비사업에서 활용하는 방안으로 지구단위계획을 활용한 보다 적극적인 제도적 규정 방안이 필요하다고 본다. 즉 국토의 계획 및 이용에 관한 법률 및 기타 도시계획

관련 법률에 도시계획시설을 입체적으로 활용, 적용할 수 있는 규정을 마련하여야 한다. 또한 「도시재정비촉진을 위한 특별법」을 통해 도시정비사업으로 연계를 활성화하여야 한다.

철도시설의 입체적 활용은 오래전부터 철도사업법, 도시철도법 등 제도적으로 여타 도시계획시설에 비해 체계적으로 규정되어 왔다. 특히 민간사업자의 자본을 활용하기 위한 방안으로 시도된 민자역사 개발은 현재에도 매우 활발하게 진행 중에 있다. 철도시설을 입체적 적용하기 위해서는 일반적으로 철도용지에 대해 점용허가를 받아 사업을 시행해야 한다. 점용 기간은 일반적으로 30년이며 이에 대해 연장은 가능하며 점용에 따른 점용료를 지불한다. 철도시설을 입체화하는 데 앞으로 개선되어야 할 점들은 다음과 같다.

우선 철도시설의 점용 기간 및 점용료에 대한 개선이다. 철도역사 개발사업을 하는 데 있어 30년이라는 점용 기간은 그리 긴 기간이 아니다. 오히려 다른 나라에 비해 상대적으로 매우 기간이 짧으며 민간사업자는 점용 기간 동안 사업투자비용을 회수하기 위해 많은 문제점을 야기한다. 공공성을 지닌 시설에 지나치게 많은 상업용도 시설을 배치하여 정작 철도시설을 이용하고자 하는 고객들에게 불편함을 주고 있다. 이러한 문제점들을 개선하기 위해서는 오히려 점용료가 아닌 민간사업자에게 점용허가만을 내주고 대신 공공시설과 역무시설 등을 장래 확장가능성, 환승시스템 등 여러 측면들을 고려해 부담하도록 하고 점용 기간만을 산정하여 이후 기부채납이나 점용료를 산정하는 방향으로 제도운영의 가능성을 검토해 볼 수 있겠다.

또한 도시계획적으로 문제가 되고 있는 단일 건축물 형태의 민자역사 개발 역시 지구단위계획 차원에서 주변 계획과 서로 조화를 이루는 개발계획이 되도록 전체 마스터플랜을 계획하여 민간사업자만의 개발계획이 아닌 해당 지자체 지역 개발계획과 연결될 수 있도록 해야 한다.

이와 다른 형태로 철로 상부에 인공지반 등을 설치하여 상부 공간을 활용하는 형태는 아직 국내에서는 토지소유권 및 다양한 용도 활용에 관한 법적인 근거가 마련되어 있지 않으며, 상부에 건축물을 건축할 경우 점용허가를 통하고 임대하는 방식으로 사업을 시행하고 있다. 철로 상부에 상업시설, 업무 및 주거시설 등 다양한 용도 개발이 이루어질 경우 개발할 경우에는 통행 구조물에 대한 소유권과 점용료, 사후관리에 대한 것을 건물 소유주와 사업시행자(토지소유자) 등과의 협정으로 협의할 수 있는 제도적 규정을 마련이 필요하다. 또한 상부에 건축물을 조성할 경우에는 인공대지 조성 및 용도 별 적정 규모, 토지소유자와 민간사업자가 서로 협약해야 하는 내용 등에 대해 법률적으로 규정할 필요가 있다고 보며, 이는 민간투자사업의 형식을 취해서 개발할 경우에는 그에 규정되어 있는 내용을 따르도록 하는 것이 요구된다.

지금까지 살펴본 도시시설과 철도시설의 입체적 활용을 위한 제도적 개정방안에 대해 살펴보았다. 입체도시계획제도로서 이를 적용하고 활성화하기 위해서는 제도의 뒷받침 이외에도 사업자와 소유자들의 제도적 이해와 적극적 참여가 밑바탕에 깔려 있어야 한다. 이점은 선진국에서 효과적으로 입체적 정비를 이끌어내고 있는 원동력이며 앞으로 우리도 입체적 도시정비를 활성화하기 위한 필수적 조건이라고 할 수 있겠다.

입체도시계획은 앞서 언급했듯이 공공성을 갖는 도시계획시설을 확보하고 부수적으로 도시기능을 보완해주는 민간부 분리 공간시설 또는 기능을 확보토록 하는 방안으로서 공공시설과 민간시설의 적절한 조화가 필수적이다. 이를 위해서는 무엇보다 제도적으로 구체적 규정을 마련하는 것이 필수적인데, 이는 서로의 권리 문제, 공익과 사익의 조화라는 미묘한 차이로 인해 큰 혼란과 문제점들이 발생할 수 있기 때문이다. 입체도로제도가 1999년에 도입된 이래 현재까지 적극적으로 적용한 사례가 없는 것은 아마도 공공과 민간의 토지와 건축물의 소유관계에 대한 명확한 규정이나 공익성이 매우 높은 때문인 것으로 판단된다.

본 글에서는 도시계획시설 중 도로시설과 철도시설만을 대상으로 하였으며 입체도시계획제도를 활용하기 위한 제도적 방안에 중점을 두었기 때문에 연구의 범위와 내용에 제한된 점이 많다. 따라서 향후에 일반 도시계획시설(공원, 유수지, 차고지 등)을 활용한 입체도시계획 결정, 도시정비차원이 아닌 신규개발 지역(택지개발지구, 역세권개발지구 등)에서의 활용 방안, 주거, 업무, 상업용도와 건축적 차원의 다양한 형태의 결합 방법 등에 대한 연구가 지속되어야 할 것으로 본다. 마지막으로 국외에서는 도시정비 및 공원녹지, 주차장, 도시주거 및 양호한 도시기반시설의 확보차원에서 입체적인 토지와 도시개발을 적극 추진하고 있는 실정이다. 따라서 국내에서도 입체도시계획제도의 적용에 있어 도시정비와 함께 도시계획시설의 확보차원에서 검토되어야 할 것으로 판단되며, 이를 위한 법적·제도적 정비와 다양한 사업 유형이 보급되고 활성화될 수 있도록 민간 부분과 공공 부분의 창의적 노력이 필요하다고 판단된다.

참고문헌

참고문헌

건설교통부 (2001)「입체도시계획의 활성화 방안 연구」

국토연구원 (1995)「입체도로제도 도입방안 연구」

국토정보 (1996)「입체도로제도 도입방안 연구」

권노상(역) (1998)「일본의 민자역사 개발사업」한국철도

김길찬 (2005) "구분 지상권의 적용 사례 현황과 향후 개선과제", 대
　　　한국토. 도시계획학회 입체도시계획연구위원회 제1차 정기 학
　　　술 워크숍

문영필 (1999) 복합용도개발에 관한 연구, 홍익대 석사

민봉동 (2005) 우리나라의 복합민자역사 개발방향에 관한 연구, 중앙
　　　대학교 건설대학원 석사학위 논문

박찬식·전용석 (2004) "철도 민자역사 사업수행체계 개선방안", 한국
　　　건설관리학회논문

박영하 (1999) "도시계획시설과 재산권의 보호", 도시문제

박용석 (1997) 주상복합건물에서 주거환경 개선에 관한 연구, 인하대 석사

백승철·김종인 (2001) "복합 구성적 역사개발을 통한 역세권 재구성
　　　방안에 관한 연구", 대한건축학회 학술발표논문집

서울시정개발연구원 (2002),「국유철도 민자역사개발에 대한 서울시
　　　정책대응방안」

서울시정개발연구원 (1997),「철도노선 입체화 방안」

서울시정개발연구원 (1996),「도로의 입체·복합 정비방안 연구」

심동섭·양우현 (2003) 「도심 복합용도개발의 기능구성과 공간배치 특성」, 한국도시설계학회 추계학술발표대회

신중진·김혜영 (2002) "대규모 복합용도개발의 계획특성에 관한 연구", 대한건축학회논문

어인애·김강수 (2004) "지역특성에 부합되는 복합단지 개발을 통한 철도부지의 입체적활용에 대한 연구", 대한건축학회 학술발표논문집

윤승중 (1994) "세운상가 아파트 이야기", 대한건축학회

유재영 (1995) "도로와 연접부 공간을 활용한 입체적 개발방안", 국토정보

이재영 (1998) 도시 개발에 있어서 공중권 활용 방안에 관한 연구, 서울대환경대학원

이춘용 (2000) "입체도로제도의 활성화 방안", 대한국토도시계획학회 학술발표회 논문

이명훈 (2005) "입체도시계획의 필요성과 법적 기초검토", 대한국토.도시계획학회 입체도시계획연구위원회 제1차 정기 학술 워크숍

이학동·김경철 외2 (1999) "입체도시계획의 필요성과 적용방향", 도시정보

인천광역시 (2005) 「경인고속도로 노선변경 및 주변 지역 정비 기본구상을 위한 타당성조사」

임희지 (2001) "지속가능한 도시조성을 위한 시-전통주의계획이론 분석 연구", 국토연구 32, 2001

장기성 (1984) "공중권의 이용권 고찰", 한국철도 204

전경수 (1999) "선진국의 도시철도 건설과 운영사례", 도시문제

정재욱·이인수 (2003) "기능의 분화를 통한 복합역사 concoutse의

연계방안에 관한 연구", 대한건축학회논문집

정종대·김영훈·박신영·서충원 (2005. 11) "입체도시계획제도의 도시정비사업 활용방안연구", 주택도시연구원 2005년 연구성과발표회논문집

정종대·서충원·박신영 (2005. 11) "입체도시계획의 현황과 국내 적용방안에 관한 연구", 대한국토도시계획학회 정기학술대회 논문집

최지훈 (1999) "민자역사개발이 지닌 한계와 그 정책적 대안", 공간과 사회 11

한국토지공사 (2004) 「도시계획운영에 따른 손익조정체계로서의 개발권양도제에 관한 연구」

한국고속철도건설공단 (2001) 「부산차량기지건설공사 실시설계 기타 용역 중 상부시설물 타당성조사」

한국철도공사 (2005) 「구로철도차량기지 개발타당성조사」

한국도로공사 (1993) 「공중권제도연구」

konopka(1990) 「autubahnüberbauung schlangenbaderstraße」

平井 堯 (1991) 「地下都市は可能性か」

財團法人 鋼材俱樂部 (1983) 「都市開發と人工地盤國內の實例集」

(財)道路空間高度化機構 홈페이지 참조

岸井隆(2001) "立體都市計劃制度の活用について", 新都市

財團法人道路空間高度化機構, (平成 12年. 8.) 立體道路事例集

Paris Project 20: L'amehagement Du Secteur Seine Rive Gauche, Parisien D'urbmisme, 1990

Paris Project 12, Parisien D'urbmisme

부 록

〔부록 1〕 입체이용저해율의 산정(토지보상평가지침 제52조 2002규정)

① 입체이용저해율은 토지의 지하 부분에 시설물의 설치 등으로 인하여 토지의 이용이 저해되는 비율로서 다음과 같이 산정한다.

입체이용저해율＝건물 등 이용저해율＋지하 부분이용저해율＋기타이용저해율

② 건물 등 이용저해율은 다음 방식에 의하여 산정한다.

1. 건물 등 이용저해율≒

$$\frac{\text{건물 등 이용률(a)×저해층수의 층별효용비율(b)합계}}{\text{최유효건물층수의 층별효용비율(A)합계}}$$

2. 건물 등 이용률(a)은 별표8의 "입체이용률배분표"에서 정하는 기준에 의한다.

3. 저해층의 층별효용비율(B) 및 최유효건물층의 층별효용비율(A) 합계의 산정은 별표9의 "층별효용비율표"에 의한다.

4. 저해층수는 최유효건물층수에서 건축가능한 층수를 뺀 것으로 한다.

5. 최유효건물층수는 당해 토지에 건물을 건축하여 가장 효율적으로 이용할 경우의 층수로서 다음 각호의 사항을 참작하여 결정한다.

　가. 인근토지의 이용 상황, 지가수준, 성숙도, 잠재력 등을 고려한 경제적인 층수

　나. 토지의 입지조건, 형태, 지질 등을 고려한 건축 가능한 층수

　다. 건축법 또는 도시계획법 등 관계법령에서 규제하고 있는 범위 내의 층수를 따르되, 지질은 토사 또는 암석으로 분류되며, 토피는 지하시설물의 최상단에서 지표까지의 수직거리로 한다.

184

③ 지하부분이용저해율은 다음과 같이 산정한다.

1. 지하부분이용저해율 = 지하이용률(β) × 심도별지하이용효율(P)

2. 지하이용률은 별표8의 "입체이용률배분표"에서 정한 기준에 의한다.

3. 심도별지하이용효율(P)은 별표11의 "심도별지하이용저해율표"의
   기준에 의한다.

④ 기타 이용저해율은 다음과 같이 산정한다.

1. 지상 및 지하 부분 모두의 기타이용을 저해하는 경우에는 별표8
   의 "입체이용률배분표"의 γ 로 한다.

2. 지상 또는 지하 어느 한쪽의 기타 이용을 저해하는 경우에는 별
   표8의 "입체이용률배분표"의 γ 에서 지상 또는 지하의 배분비율
   을 곱하여 산정한다.

⑤ 최유효건물층수 및 규모로 사용(이하 "최유효사용"이라 한다)하
거나 이와 유사한 이용 상태의 기존 건물이 있는 경우에는 입체이용
저해율을 다음과 같이 산정한다. 다만, 기존 건물이 최유효사용에 현
저히 미달되거나 노후 정도 및 최유효사용에 현저히 미달되거나 노후
정도 및 관리 상태 등으로 보아 관행상 토지 부분의 가격만으로 거래
가 예상되는 경우에는 제1항의 규정에 의한다.

1. 입체이용저해율 = 최유효 상태의 나지로 본 건물 및 지하이용저
   해율 × 노후율 + 기타이용저해율

2. 노후율 $= \dfrac{\text{당해 건물의 유효경과연수}}{\text{당해 건물의 경제적 내용연수}}$

⑥ 당해 건물의 경제적 내용연수는 별표12의 "건물내용연수표"를
기준으로 산정하고 유효경과연수는 실제경과연수, 이용 및 관리 상태,
기타 수리 및 보수 정도 등을 고려하여 산정한다.

〔부록 2〕 입체도시계획 관련 제도 세부 내용(그림 2.1)

1) 도로법

제50조2(입체적 도로구역)

① 도로의 관리청은 제25조의 규정에 의하여 도로구역을 결정 또는 변경하는 경우 당해 도로가 있는 지역의 적정하고 합리적인 토지이용을 촉진하기 위하여 필요하다고 인정하는 때에는 지상 또는 지하의 공간에 대하여 상하의 범위를 정한 구역(이하 '입체적 도로구역'이라 한다)으로 도로구역을 정할 수 있다.

② 도로의 관리청은 입체적 도로구역을 정하는 때에는 토지소유자, 토지에 관한 소유권 외의 권리를 가진 자 및 그 토지에 있는 물건에 관하여 소유권 기타의 권리를 가진 자(이하 '소유자등'이라 한다)와 구분지상권의 설정 또는 이전을 위한 협의를 거쳐야 하며, 협의(지상 부분의 경우에 한한다)가 이루어지지 아니하는 때에는 입체적 도로구역으로 정할 수 없다. 이 경우 협의의 목적이 되는 소유권 기타의 권리, 구분지상권의 범위 등 협의의 내용에 포함되어야 할 사항은 대통령령으로 정한다. 〈개정 2004. 1. 20〉

③ 도로의 관리청은 제2항의 규정에 의하여 토지의 지상 부분 또는 지하 부분의 사용에 관한 협의가 성립된 때에는 구분지상권을 설정 또는 이전한다.

④ 도로의 관리청은 입체적 도로구역의 지하 부분에 대하여 「공익사업을 위한 토지 등의 취득 및 보상에 관한 법률」에 의하여 구분지상권의 설정 또는 이전을 내용으로 하는 관할 토지수용위원회의 수용 또는 사용의 재결을 받은 경우에는 「부동산등기법」 제115조 및 동법 제157조의 규정을 준용하여 단독으로 당해 구분지

상권의 설정 또는 이전등기를 신청할 수 있다. 〈신설 2004. 1. 20, 2005. 12. 30〉

⑤ 토지의 지상 부분 또는 지하 부분의 사용에 관한 구분지상권의 등기절차에 관하여 필요한 사항은 대법원규칙으로 정한다. 〈신설 2004. 1. 20〉

⑥ 제3항의 규정에 의한 구분지상권의 존속 기간은 「민법」 제280조 및 제281조의 규정에 불구하고 도로의 존속 시까지로 한다. 〈개정 2005. 12. 30〉

제50조3(도로보전입체구역)

① 도로의 관리청은 도로구역을 입체적 도로구역으로 정한 경우 당해 도로의 구조를 보전하거나 교통의 위험을 방지하기 위하여 필요하다고 인정하는 때에는 당해 도로에 상하의 범위를 정하여 도로를 보호하기 위한 구역(이하 '도로보전입체구역'이라 한다)을 지정할 수 있다.

② 도로보전입체구역의 지정은 당해 도로의 구조를 보전하거나 교통의 위험을 방지하기 위하여 필요한 최소한도의 범위에 한하여야 한다.

③ 도로의 관리청은 도로보전입체구역을 지정하고자 하는 때에는 건설교통부령이 정하는 바에 따라 미리 그 사실을 고시하고, 그 도면을 일반인이 열람할 수 있도록 하여야 한다. 그 지정을 변경하거나 해제하고자 하는 경우에도 또한 같다.

제50조4(도로보전입체구역 안에서의 행위제한 등)

① 도로보전입체구역 안에 있는 시설 등의 소유자 또는 점유자는 그 시설 등에 의한 도로의 구조나 교통의 안전에 대한 위험을 방지하기 위하여 필요한 조치를 하여야 한다.

② 도로의 관리청은 도로의 구조나 교통의 안전에 대한 위험을 예방
   하기 위하여 필요하다고 인정하는 때에는 제1항의 규정에 의한
   소유자 또는 점유자에 대하여 필요한 조치를 하게 할 수 있다.
③ 도로보전입체구역 안에서는 고가도로의 교각주변이나 지반면 아
   래의 도로 상하에 있는 토석의 채취 등 도로의 구조나 교통의
   안전에 위험을 미칠 우려가 있는 행위를 하여서는 아니 된다.

령 제28조(입체적 도로구역 지정시의 협의사항) 법 제50조의2제2항
의 규정에 의한 협의에 포함되어야 하는 사항은 다음 각호와 같다.
1. 협의의 목적이 되는 소유권 기타의 권리
2. 구분지상권의 범위
3. 구분지상권의 설정에 대한 보상의 금액, 지급시기 및 방법
4. 구분지상권의 유효 기간
5. 도로의 사용으로 인하여 토지 및 물건 등에 관한 소유권 기타의
   권리에 손해가 발생한 경우의 조치사항
6. 기타 관리청 및 토지소유자등이 필요하다고 인정하는 사항

2) 건축법

제33조(대지와 도로와의 관계)

① 건축물의 대지는 2미터 이상을 도로(자동차만의 통행에 사용되
   는 도로를 제외한다)에 접하여야 한다. 다만, 다음 각호의 1에
   해당하는 경우에는 그러하지 아니하다.〈개정 1999. 2. 8〉
1. 당해 건축물의 출입에 지장이 없다고 인정되는 경우
2. 건축물의 주변에 대통령령이 정하는 공지가 있는 경우
② 건축물의 대지가 접하는 도로의 너비, 그 대지가 도로에 접하는
   부분의 길이 기타 그 대지와 도로의 관계에 관하여 필요한 사항

은 대통령령이 정하는 바에 의한다.〈개정 1999. 2. 8〉

령 제28조(대지와 도로와의 관계)

① 법 제33조 제1항 제2호에서 "대통령령이 정하는 공지"라 함은 광장·공원·유원지 기타 관계 법령에 의하여 건축이 금지되고 공중의 통행에 지장이 없는 공지로서 허가권자가 인정한 것을 말한다.〈개정 1999. 4. 30〉

② 법 제33조 제2항의 규정에 의하여 연면적의 합계가 2천 제곱미터 이상인 건축물의 대지는 너비 6미터 이상의 도로에 4미터 이상 접하여야 한다.〈개정 1999. 4. 30〉

3) 국토의 계획 및 이용에 관한 법률

제43조(도시계획시설의 설치·관리)

① 지상·수상·공중·수중 또는 지하에 기반시설을 설치하고자 하는 때에는 그 시설의 종류·명칭·위치·규모 등을 미리 도시관리계획으로 결정하여야 한다. 다만, 용도 지역·기반시설의 특성 등을 감안하여 대통령령이 정하는 경우에는 그러하지 아니하다.

② 도시계획시설의 결정·구조 및 설치의 기준 등에 관하여 필요한 사항은 건설교통부령으로 정한다. 다만, 다른 법률에 특별한 규정이 있는 경우에는 그 법률에 의한다.

③ 제1항의 규정에 의하여 설치한 도시계획시설의 관리에 관하여 이 법 또는 다른 법률에 특별한 규정이 있는 경우를 제외하고는 국가가 관리하는 경우에는 대통령령으로, 지방자치단체가 관리하는 경우에는 해당 지방자치단체의 조례로 도시계획시설의 관리에 관한 사항을 정한다.

제46조(도시계획시설의 공중 및 지하에의 설치 기준과 보상) 도시계

획시설을 공중·수중·수상 또는 지하에 설치함에 있어서 그 높이 또는 깊이의 기준과 그 설치로 인하여 토지나 건물에 대한 소유권의 행사에 제한을 받는 자에 대한 보상 등에 관하여는 따로 법률로 정한다.

령 제61조(도시계획시설부지에서의 개발 행위) 법 제64조 제1항 단서에서 "대통령령이 정하는 경우"라 함은 다음 각호의 어느 하나에 해당하는 경우를 말한다.

1. 지상·수상·공중·수중 또는 지하에 일정한 공간적 범위를 정하여 도시계획시설이 결정되어 있고, 그 도시계획시설의 설치·이용 및 장래의 확장 가능성에 지장이 없는 범위 안에서 도시계획시설이 아닌 건축물 또는 공작물을 당해 도시계획시설인 건축물 또는 공작물의 상부 또는 하부에 설치하는 경우

2. 도시계획시설과 도시계획시설이 아닌 시설을 같은 건축물 안에 설치한 경우(법률 제6243호 도시계획법개정법률에 의하여 개정되기 전에 설치한 경우를 말한다)로서 법 제88조의 규정에 의한 실시계획인가를 받아 다음 각목의 어느 하나에 해당하는 경우

   가. 건폐율이 증가하지 아니하는 범위 안에서 당해 건축물을 증축 또는 대수선하여 도시계획시설이 아닌 시설을 설치하는 경우

   나. 도시계획시설의 설치·이용 및 장래의 확장 가능성에 지장이 없는 범위 안에서 도시계획시설을 도시계획시설이 아닌 시설로 변경하는 경우

3. 「도로법」 등 도시계획시설의 설치 및 관리에 관하여 규정하고 있는 다른 법률에 의하여 점용허가를 받아 건축물 또는 공작물을 설치하는 경우

4) 공익사업을 위한 토지 등의 취득 및 보상에 관한 법률 규칙

제31조(토지의 지하, 지상 공간의 사용에 대한 평가)

① 토지의 지하 또는 지상 공간을 사실상 영구적으로 사용하는 경우 당해 공간에 대한 사용료는 제22조의 규정에 의하여 산정한 당해 토지의 가격에 당해 공간을 사용함으로 인하여 토지의 이용이 저해되는 정도에 따른 적정한 비율(이하 이 조에서 '입체이용저해율'이라 한다)을 곱하여 산정한 금액으로 평가한다.

② 토지의 지하 또는 지상 공간을 일정한 기간 동안 사용하는 경우 당해 공간에 대한 사용료는 제30조의 규정에 의하여 산정한 당해 토지의 사용료에 입체이용저해율을 곱하여 산정한 금액으로 평가한다.

5) 도시계획시설 결정·구조설치 및 기준에 관한 규칙

제3조(도시계획시설의 중복 결정) 토지를 합리적으로 이용하기 위하여 필요한 경우에는 둘 이상의 도시계획시설을 같은 토지의 지하·지상·수중·수상 및 공중에 함께 결정할 수 있다. 이 경우 각 도시계획시설의 이용에 지장이 없어야 하고, 장래의 확장가능성을 고려하여야 한다.

제4조(입체적 도시계획시설 결정)

① 도시계획시설이 위치하는 지역의 적정하고 합리적인 토지이용을 촉진하기 위하여 필요한 경우에는 도시계획시설이 위치하는 공간의 일부만을 구획하여 도시계획시설결정을 할 수 있다. 이 경우 당해 도시계획시설의 보전, 장래의 확장가능성, 주변의 도시계획시설 등을 고려하여 필요한 공간이 충분히 확보되도록 하여야 한다.

② 제1항의 규정에 의하여 도시계획시설을 설치하고자 하는 때에는 미리 토지소유자, 토지에 관한 소유권 외의 권리를 가진 자 및 그 토지에 있는 물건에 관하여 소유권 그 밖의 권리를 가진 자와 구분지상권의 설정 또는 이전 등을 위한 협의를 하여야 한다.

〔부록 3〕 지하·공중 공간 이용 법률 관련 세부 내용
(표 2.1)

1) 헌법 제23조

① 모든 국민의 재산권은 보장된다. 그 내용과 한계는 법률로 정한다.

② 재산권의 행사는 공공복리에 적합하도록 하여야 한다.

③ 공공필요에 의한 재산권의 수용·사용 또는 제한 및 그에 대한 보상은 법률로써 하되, 정당한 보상을 지급하여야 한다.

2) 민 법

제212조(토지소유권의 범위) 토지의 소유권은 정당한 이익 있는 범위 내에서 토지의 상하에 미친다.

제279조(지상권의 내용) 지상권자는 타인의 토지에 건물 기타 공작물이나 수목을 소유하기 위하여 그 토지를 사용하는 권리가 있다.

제280조(존속 기간을 약정한 지상권) ①계약으로 지상권의 존속 기간을 정하는 경우에는 그 기간은 다음 연한보다 단축하지 못한다.

1. 석조, 석회조, 연와조 또는 이와 유사한 견고한 건물이나 수목의 소유를 목적으로 하는 때에는 30년

2. 전호 이외의 건물의 소유를 목적으로 하는 때에는 15년

3. 건물 이외의 공작물의 소유를 목적으로 하는 때에는 5년

② 전항의 기간보다 단축한 기간을 정한 때에는 전항의 기간까지 연장한다.

제281조(존속 기간을 약정하지 않은 지상권)

① 계약으로 지상권의 존속 기간을 정하지 아니한 때에는 그 기간은 전조의 최단 존속 기간으로 한다.

② 지상권설정 당시에 공작물의 종류와 구조를 정하지 아니한 때에는 지상권은 전조 제2호의 건물의 소유를 목적으로 한 것으로 본다.

제284조(갱신과 존속 기간) 당사자가 계약을 갱신하는 경우에는 지상권의 존속 기간은 갱신한 날로부터 제280조의 최단 존속 기간보다 단축하지 못한다. 그러나 당사자는 이보다 장기의 기간을 정할 수 있다.

제289조2(구분지상권)

① 지하 또는 지상의 공간은 상하의 범위를 정하여 건물 기타 공작물을 소유하기 위한 지상권의 목적으로 할 수 있다. 이 경우 설정행위로써 지상권의 행사를 위하여 토지의 사용을 제한할 수 있다.

② 제1항의 규정에 의한 구분지상권은 제3자가 토지를 사용·수익할 권리를 가진 때에도 그 권리자 및 그 권리를 목적으로 하는 권리를 가진 자 전원의 승낙이 있으면 이를 설정할 수 있다. 이 경우 토지를 사용·수익할 권리를 가진 제3자는 그 지상권의 행사를 방해하여서는 아니 된다.

3) 국토의 계획 및 이용에 관한 법률

제46조(도시계획시설의 공중 및 지하에의 설치 기준과 보상 등) 도시계획시설을 공중·수중·수상 또는 지하에 설치함에 있어서 그 높이 또는 깊이의 기준과 그 설치로 인하여 토지나 건물에 대한 소유권의 행사에 제한을 받는 자에 대한 보상 등에 관하여는 따로 법률로 정한다.

제95조(토지 등의 수용 및 사용)

① 도시계획시설사업의 시행자는 도시계획시설사업에 필요한 다음 각호의 물건 또는 권리를 수용 또는 사용할 수 있다.

1. 토지·건축물 또는 그 토지에 정착된 물건

2. 토지·건축물 또는 그 토지에 정착된 물건에 관한 소유권 외의 권리

② 도시계획시설사업의 시행자는 사업시행을 위하여 특히 필요하다고 인정되는 때에는 도시계획시설에 인접한 토지·건축물 또는 그 토지에 정착된 물건이나 그 토지·건축물 또는 물건에 관한 소유권외의 권리를 일시 사용할 수 있다.

제96조(공익사업을위한토지등의취득및보상에관한법률의 준용)

① 제95조의 규정에 의한 수용 및 사용에 관하여는 이 법에 특별한 규정이 있는 경우를 제외하고는 공익사업을위한토지등의취득및보상에관한법률을 준용한다.

② 제1항의 규정에 의하여 공익사업을위한토지등의취득및보상에관한법률을 준용함에 있어서 제91조의 규정에 의한 실시계획의 고시가 있은 때에는 공익사업을위한토지등의취득및보상에관한법률 제20조 제1항 및 제22조의 규정에 의한 사업인정 및 그 고시가 있은 것으로 본다. 다만, 재결신청은 공익사업을위한토지등의취득및보상에관한법률 제23조 제1항 및 제28조 제1항의 규정에 불구하고 실시계획에서 정한 도시계획시설사업의 시행 기간 이내에 하여야 한다.

4) 공익사업을 위한 토지 등의 취득 및 보상에 관한 법률

제31조(토지의 지하·지상 공간의 사용에 대한 평가)

① 토지의 지하 또는 지상 공간을 사실상 영구적으로 사용하는 경우 당해 공간에 대한 사용료는 제22조의 규정에 의하여 산정한 당해 토지의 가격에 당해 공간을 사용함으로 인하여 토지의 이용이 저해되는 정도에 따른 적정한 비율(이하 이 조에서 '입체이용저해율'이라 한다)을 곱하여 산정한 금액으로 평가한다.

② 토지의 지하 또는 지상 공간을 일정한 기간 동안 사용하는 경우 당해 공간에 대한 사용료는 제30조의 규정에 의하여 산정한 당해 토지의 사용료에 입체이용저해율을 곱하여 산정한 금액으로 평가한다.

5) 도시철도 및 도로법에 의한 구분지상권 등기처리규칙

제2조(수용 또는 사용재결에 의한 구분지상권설정등기〈개정 1999. 2. 27〉)

① 도시철도법 제2조 제2항의 도시철도건설자(이하 '도시철도건설자'라 한다)와 도로법 제22조의 도로관리청(이하 '도로관리청'이라 한다)이 공익사업을위한토지등의취득및보상에관한법률에 의하여 구분지상권을 설정하는 내용의 수용 또는 사용재결을 받은 경우 그 재결서 및 보상 또는 공탁을 증명하는 서면을 첨부하여 토지수용 또는 사용재결을 원인으로 하는 구분지상권설정등기를 신청할 수 있다. 〈개정 1999. 2. 27, 2004. 7. 26〉

② 제1항의 구분지상권설정등기를 하고자 하는 토지의 등기용지에 그 토지를 사용 · 수익하는 권리에 관한 등기 또는 그 권리를 목적으로 하는 권리에 관한 등기가 있는 경우에도 그 권리자들의 승낙을 받지 아니하고 구분지상권설정등기를 신청할 수 있다.

제3조(수용에 의한 구분지상권이전등기)

① 도시철도건설자와 도로관리청이 공익사업을위한토지등의취득및보상에관한법률에 의하여 이미 등기되어 있는 구분지상권을 수용하는 내용의 재결을 받은 경우 그 재결서 및 보상 또는 공탁을 증명하는 서면을 첨부하여 토지수용을 원인으로 하는 구분지상권이전등기를 신청할 수 있다. 〈개정 2004. 7. 26〉

② 제1항의 구분지상권이전등기 신청이 있는 경우 수용의 대상이 된 구분지상권을 목적으로 하는 권리에 관한 등기가 있거나 수

용의 시기 이후에 그 구분지상권에 관하여 제삼자 명의의 이전 등기가 있을 때에는 직권으로 그 등기를 말소하여야 한다.

제4조(강제집행등과의 관계) 제2조의 규정에 의하여 경료된 구분지상권설정등기 또는 제3조의 수용의 대상이 된 구분지상권설정등기는 그 보다 먼저 경료된 강제경매기입등기, 근저당권 등 담보물권의 설정등기, 압류등기, 가압류등기 등에 기하여 경매 또는 공매로 인한 소유권이전등기의 촉탁이 있는 경우에도 이를 말소하여서는 아니 된다.

6) 송유관안전관리법

제9조(타인의 토지에의 출입 등)

① 송유관설치자는 송유관공사에 관한 실지조사·측량 및 시공을 위하여 필요한 때에는 타인의 토지에 출입하거나 타인의 토지를 사용하거나 타인의 식물 기타의 장애물을 변경 또는 제거할 수 있다.

② 제1항의 규정에 의한 토지에의 출입, 토지의 사용 및 식물 기타의 장애물의 변경·제거와 그 보상에 대하여는 공익사업을위한토지등의취득및보상에관한법률을 준용한다.

7) 전기통신사업법

제44조(원상회복의 의무) 기간통신사업자는 제39조 및 제40조의 규정에 의한 토지 등의 사용이 끝나거나 사용하고 있는 토지 등을 전기통신업무에 제공할 필요가 없게 된 경우에는 당해 토지 등을 원상으로 회복하여야 하며, 원상으로 회복하지 못하는 경우에는 그 소유자 또는 점유자가 입은 손실에 대하여 정당한 보상을 하여야 한다.

제45조(손실보상) 기간통신사업자는 제40조 제1항·제41조 제1항
또는 제42조의 경우에 타인에게 손실을 끼친 경우에는 손실을 입은
자에 대하여 정당한 보상을 하여야 한다.

제46조(실비보상)

① 기간통신사업자는 제43조 제1항의 규정에 의하여 선박·항공기
    기타의 교통기관의 소유자 또는 점유자로부터 전기통신업무의
    이용에 제공하는 무선국의 개설에 필요한 특수한 공급 또는 설
    비를 제공받은 경우에는 그에 소요된 실비를 보상하여야 한다.

② 제33조의3의 규정에 의한 손해배상의 절차 및 재정신청은 제1항
    의 규정에 의한 실비보상에 관하여 이를 준용한다.

제47조(토지 등의 손실보상의 절차)

① 제40조 제1항·제41조 제1항·제42조 또는 제44조의 규정에 의
    한 토지 등의 사용, 토지 등에의 출입, 장해물 등의 제거 또는
    원상회복의 불능에 따른 제44조 또는 제45조의 규정에 의한 손
    실보상을 함에 있어서는 그 손실을 입은 자와 협의하여야 한다.

② 제1항의 규정에 의한 협의가 성립되지 아니하거나 협의를 할 수
    없는 경우에는 공익사업을위한토지등의취득및보상에관한법률에
    의한 관할 토지수용위원회에 재결을 신청하여야 한다.

③ 이 법에서 규정한 것을 제외하고 제1항의 토지 등의 손실보상 등에
    관한 기준·방법 및 절차와 제2항의 재결신청 등에 관하여는 공익
    사업을위한토지등의취득및보상에관한법률의 규정을 준용한다.

8) 전기사업법

제90조(손실보상) 전기사업자는 제87조 제2항의 규정에 의한 다른

사람의 토지 등의 일시사용, 다른 사람의 식물의 변경 또는 제거, 제88조 제1항의 규정에 의한 다른 사람의 토지 등에의 출입 또는 제89조 제1항의 규정에 의한 다른 사람의 토지위의 공중의 사용으로 인하여 발생한 손실에 대하여 보상을 하여야 한다.

　제91조(원상회복) 전기사업자는 제87조 제2항 제1호의 규정에 의한 토지 등의 일시사용이 종료된 경우에는 토지 등을 원상으로 회복하거나 이에 필요한 비용을 토지 등의 소유자 또는 점유자에게 지급하여야 한다.

　제92조(공공용 토지의 사용)

① 전기사업자는 국가·지방자치단체 기타 공공기관이 관리하는 공공용 토지에 전기사업용전선로를 설치할 필요가 있는 경우에는 그 토지의 관리자의 허가를 받아 이를 사용할 수 있다.

② 제1항의 경우에 당해 토지의 관리자가 정당한 사유 없이 그 허가를 거절하거나 허가조건이 적정하지 아니한 때에는 전기사업자의 신청에 의하여 당해 토지의 관리자를 관할하는 주무부장관이 사용을 허가하거나 허가조건을 변경할 수 있다.

③ 주무부장관은 제2항의 규정에 의하여 사용을 허가하거나 허가조건을 변경하고자 하는 경우에는 미리 산업자원부장관과 협의하여야 한다.

9) 집단에너지사업법

제46조(토지 등의 수용·사용)

① 사업자는 공급시설의 설치나 이를 위한 실지조사·측량 및 시공 또는 공급시설의 유지·보수를 위하여 필요할 때에는 타인의 토지 또는 이에 정착하는 건물 기타 물건(이하 '토지 등'이라 한다)을 수용 또는 사용하거나 타인의 식물 기타 장애물(이하 '식

물 등'이라 한다)을 변경 또는 제거할 수 있다.

② 제1항의 규정에 의한 수용·사용·변경 또는 제거의 절차 등에 관하여는 공익사업을위한토지등의취득및보상에관한법률을 준용한다. 〈개정 2002. 2. 4〉

③ 사업자는 다음 각호의 1에 해당할 때에는 제2항의 규정에 불구하고 타인의 토지 등을 일시사용하거나 타인의 식물 등을 변경 또는 제거할 수 있다. 다만 타인의 토지 등이 주거용으로 사용되고 있을 때에는 그 사용일시 및 기간에 관하여 미리 거주자와 협의하여야 한다.

1. 천재·지변 기타 긴급한 사태로 인하여 공급시설이 손괴되거나 손괴될 우려가 있는 경우 15일 이내에서의 타인의 토지 등의 일시 사용

2. 공급시설에 장애를 주는 식물 등의 방치로 인하여 당해 공급시설을 현저하게 손괴하거나 누수 기타 재해를 일으키게 할 우려가 있다고 인정하는 경우 당해 식물 등의 변경 또는 제거

④ 사업자는 제3항의 규정에 의하여 타인의 토지 등을 일시 사용하거나 타인의 식물 등을 변경 또는 제거한 때에는 즉시 그 소유자나 점유자에게 그 사실을 통지하여야 한다.

⑤ 사업자는 제1항 또는 제3항의 규정에 의한 수용·사용·변경 또는 는 제거로 인하여 손실이 발생한 때에는 공익사업을위한토지등의취득및보상에관한법률을 준용하여 이를 보상하여야 한다.

9) 부동산등기법

제115조(토지수용)

① 토지의 수용으로 인한 소유권이전의 등기는 등기권리자만으로 이를 신청할 수 있다. 그 신청서에는 토지수용위원회의 재결로

써 존속이 인정된 권리가 있는 때에는 이를 표시하고, 보상 또는 공탁을 증명하는 서면을 첨부하여야 한다.〈개정 1991. 12. 14〉

② 제1항의 신청을 하는 경우에 필요가 있는 때에는 기업자는 등기명의인 또는 상속인에 갈음하여 토지의 표시 또는 등기명의인의 표시의 변경, 경정 또는 상속으로 인한 소유권이전의 등기를 신청할 수 있다.〈개정 1983. 12. 31〉

③ 관공서가 기업자인 때에는 그 관공서는 지체 없이 제1항 및 제2항의 등기를 등기소에 촉탁하여야 한다.〈개정 1983. 12. 31〉

〔부록 4〕 일본 입체도로제도 및 입체도시계획제도 관련 법률

1) 도로법

第四節の二　道路の立体的区域

（道路の立体的区域の決定等）

第四十七条の五　道路管理者は、道路の新設又は改築を行う場合において、当該道路の存する地域の状況を勘案し、適正かつ合理的な土地利用の促進を図るため必要があると認めるときは、第十八条第一項の規定により決定し又は変更する道路の区域を空間又は地下について上下の範囲を定めたもの（以下「立体的区域」という。）とすることができる。

（道路一体建物に関する協定）

第四十七条の六　道路管理者は、道路の区域を立体的区域とした道路と当該道路の区域外に新築される建物とが一体的な構造となることについて、当該建物を新築してその所有者になろうとする者との協議が成立したときは、次に掲げる事項を定めた協定（以下「協定」という。）を締結して、当該道路の新設、改築、維持、修繕、災害復旧その他の管理を行うことができる。この場合において、道路の管理上必要があると認めるときは、協定に従つて、当該建物の管理を行うことができる。

一　協定の目的となる建物（以下「道路一体建物」という。）

二　道路一体建物の新築及びこれに要する費用の負担

三　次に掲げる事項及びこれらに要する費用の負担

イ　道路一体建物に関する道路の管理上必要な行為の制限

ロ　道路の管理上必要な道路一体建物への立入り

　　ハ　道路に関する工事又は道路一体建物に関する工事が行われる場合
　　　の調整

　　ニ　道路又は道路一体建物に損害が生じた場合の措置

　　四　協定の有効期間

　　五　協定に違反した場合の措置

　　六　協定の掲示方法

　　七　その他必要な事項

　２　道路管理者は、協定を締結した場合においては、国土交通省令で
　　定めるところにより、遅滞なく、その旨を公示し、かつ、協定又
　　はその写しを道路管理者の事務所に備えて一般の閲覧に供すると
　　ともに、協定において定めるところにより、道路一体建物又はそ
　　の敷地内の見やすい場所に、道路管理者の事務所において閲覧に
　　供している旨を掲示しなければならない。

（協定の効力）

第四十七条の七　前条第二項の規定による公示のあつた協定は、その
公示のあつた後において当該協定の目的となつている道路一体建物の所
有者となつた者に対しても、その効力があるものとする。

（道路一体建物に関する私権の行使の制限等）

第四十七条の八　道路一体建物の所有者以外の者であつてその道路一
体建物の敷地に関する所有権又は地上権その他の使用若しくは収益を目
的とする権利を有する者（次項において「敷地所有者等」という。）は、そ
の道路一体建物の所有者に対する当該権利の行使が協定の目的たる道路
を支持する道路一体建物としての効用を失わせることとなる場合におい
ては、当該権利の行使をすることができない。

2　前項の場合において、道路一体建物の所有者がその道路一体建物を所有するためのその敷地に関する地上権その他の使用又は収益を目的とする権利を有しないときは、その道路一体建物の収去を請求する権利を有する敷地所有者等は、その道路一体建物の所有者に対し、その道路一体建物を時価で売り渡すべきことを請求することができる。

（道路保全立体区域）

第四十七条の九　道路管理者は、道路の区域を立体的区域とした道路について、当該道路の構造を保全し、又は交通の危険を防止するため必要があると認めるときは、当該道路の上下の空間又は地下について、上下の範囲を定めて、道路保全立体区域の指定をすることができる。

2　道路保全立体区域の指定は、当該道路の構造を保全し、又は交通の危険を防止するため必要な最小限度の上下の範囲に限つてするものとする。

3　道路管理者は、道路保全立体区域の指定をしようとする場合においては、国土交通省令で定めるところにより、あらかじめ、その旨を公示しなければならない。その指定を変更し、又は解除しようとする場合においても、同様とする。

（道路保全立体区域内の制限）

第四十八条　道路保全立体区域内にある土地、竹木又は建築物その他の工作物の所有者又は占有者は、その土地、竹木又は建築物その他の工作物が道路の構造に損害を及ぼし、又は交通に危険を及ぼすおそれがあると認められる場合においては、その損害又は危険を防止するための施設を設け、その他その損害又は危険を防止するため必要な措置を講じなければならない。

2　道路管理者は、前項に規定する損害又は危険を防止するため特に必要があると認める場合においては、同項に規定する所有者又は占有者に対して、同項に規定する施設を設け、その他その損害又は危険を防止するため必要な措置を講ずべきことを命ずることができる。

3　第一項に規定する所有者又は占有者は、同項に規定するもののほか、高架の道路の橋脚の周囲又は地盤面下の道路の上下における土石の採取その他の道路保全立体区域における行為であつて、道路の構造に損害を及ぼし、又は交通に危険を及ぼすおそれがあると認められるものを行つてはならない。

4　道路管理者は、前項の規定に違反している者に対し、行為の中止、物件の改築、移転又は除却その他道路の構造を保全し、又は交通の危険を防止するための必要な措置をすることを命ずることができる。

2) 도시계획법

第十二条の五　　地区計画は、建築物の建築形態、公共施設その他の施設の配置等からみて、一体としてそれぞれの区域の特性にふさわしい態様を備えた良好な環境の各街区を整備し、開発し、及び保全するための計画とし、次の各号のいずれかに該当する土地の区域について定めるものとする。

一　用途地域が定められている土地の区域

二　用途地域が定められていない土地の区域のうち次のいずれかに該当するもの

イ　住宅市街地の開発その他建築物若しくはその敷地の整備に関する

事業が行われる、又は行われた土地の区域

ロ　建築物の建築又はその敷地の造成が無秩序に行われ、又は行われると見込まれる一定の土地の区域で、公共施設の整備の状況、土地利用の動向等からみて不良な街区の環境が形成されるおそれがあるもの

ハ　健全な住宅市街地における良好な居住環境その他優れた街区の環境が形成されている土地の区域

2　地区計画については、前条第二項に定めるもののほか、次に掲げる事項を都市計画に定めるものとする。

一　当該地区計画の目標

二　当該区域の整備、開発及び保全に関する方針

三　主として街区内の居住者等の利用に供される道路、公園その他の政令で定める施設（以下「地区施設」という。）及び建築物等の整備並びに土地の利用に関する計画（以下「地区整備計画」という。）

3　次に掲げる条件に該当する土地の区域における地区計画については、土地の合理的かつ健全な高度利用と都市機能の増進とを図るため、一体的かつ総合的な市街地の再開発又は開発整備を実施すべき区域（以下「再開発等促進区」という。）を都市計画に定めることができる。

一　現に土地の利用状況が著しく変化しつつあり、又は著しく変化することが確実であると見込まれる区域であること。

二　土地の合理的かつ健全な高度利用を図る上で必要となる適正な配置及び規模の公共施設がない区域であること。

三　当該区域内の土地の高度利用を図ることが、当該都市の機能の増進に貢献すること。

四　用途地域が定められている区域であること。

4　再開発等促進区を定める地区計画においては、第二項各号に掲げるもののほか、当該再開発等促進区に関し必要な次に掲げる事項を都市計画に定めるものとする。

一　土地利用に関する基本方針

二　道路、公園その他の政令で定める施設（都市計画施設及び地区施設を除く。）の配置及び規模

5　再開発等促進区を都市計画に定める際、当該再開発等促進区について、当面建築物又はその敷地の整備と併せて整備されるべき公共施設の整備に関する事業が行われる見込みがないときその他前項第二号に規定する施設の配置及び規模を定めることができない特別の事情があるときは、当該再開発等促進区について同号に規定する施設の配置及び規模を定めることを要しない。

6　地区整備計画においては、次に掲げる事項（市街化調整区域内において定められる地区整備計画については、建築物の容積率の最低限度、建築物の建築面積の最低限度及び建築物等の高さの最低限度を除く。）のうち、地区計画の目的を達成するため必要な事項を定めるものとする。

一　地区施設の配置及び規模

二　建築物等の用途の制限、建築物の容積率の最高限度又は最低限度、建築物の建ぺい率の最高限度、建築物の敷地面積又は建築面積の最低限度、壁面の位置の制限、壁面後退区域（壁面の位置の制限として定められた限度の線と敷地境界線との間の土地の区域をいう。以下同じ。）における工作物の設置の制限、建築物等の高さの最高限度又は最低限度、建築物等の形態又は色彩その他の

　　意匠の制限、建築物の緑化率（都市緑地法第三十四条第二項　に規
　　定する緑化率をいう。）の最低限度その他建築物等に関する事項
　　で政令で定めるもの
　三　現に存する樹林地、草地等で良好な居住環境を確保するため必要
　　なものの保全に関する事項
　四　前三号に掲げるもののほか、土地の利用に関する事項で政令で定
　　めるもの
　7　地区計画を都市計画に定める際、当該地区計画の区域の全部又は
　　一部について地区整備計画を定めることができない特別の事情が
　　あるときは、当該区域の全部又は一部について地区整備計画を定
　　めることを要しない。この場合において、地区計画の区域の一部
　　について地区整備計画を定めるときは、当該地区計画について
　　は、地区整備計画の区域をも都市計画に定めなければならない。
　（建築物の容積率の最高限度を区域の特性に応じたものと公共施設の
整備状況に応じたものとに区分して定める地区整備計画）
　第五十三条　都市計画施設の区域又は市街地開発事業の施行区域内に
おいて建築物の建築をしようとする者は、国土交通省令で定めるところ
により、都道府県知事の許可を受けなければならない。ただし、次に掲
げる行為については、この限りでない。
　一　政令で定める軽易な行為
　二　非常災害のため必要な応急措置として行う行為
　三　都市計画事業の施行として行う行為又はこれに準ずる行為として
　　政令で定める行為
　四　第十一条第三項後段の規定により離隔距離の最小限度及び載荷重
　　の最大限度が定められている都市計画施設の区域内において行う

　行為であつて、当該離隔距離の最小限度及び載荷重の最大限度に
適合するもの

　五　第十二条の十一に規定する都市計画施設である道路の区域のうち
　　建築物等の敷地として併せて利用すべき区域内において行う行為
　　であつて、当該都市計画施設である道路を整備する上で著しい支
　　障を及ぼすおそれがないものとして政令で定めるもの

　2　第四十二条第二項の規定は、前項の規定による許可について準用
　　する。

　3　第一項の規定は、第六十五条第一項に規定する告示があつた後
　　は、当該告示に係る土地の区域内においては、適用しない

　第十一条　都市計画区域については、都市計画に、次に掲げる施設で
必要なものを定めるものとする。この場合において、特に必要があると
きは、当該都市計画区域外においても、これらの施設を定めることがで
きる。

　3　道路、河川その他の政令で定める都市施設については、前項に規
　　定するもののほか、適正かつ合理的な土地利用を図るため必要が
　　あるときは、当該都市施設の区域の地下又は空間について、当該
　　都市施設を整備する立体的な範囲を都市計画に定めることができ
　　る。この場合において、地下に当該立体的な範囲を定めるとき
　　は、併せて当該立体的な範囲からの離隔距離の最小限度及び載荷
　　重の最大限度（当該離隔距離に応じて定めるものを含む。）を定め
　　ることができる。

　第五十四条　都道府県知事は、前条第一項の規定による許可の申請が
あつた場合において、当該申請が次の各号のいずれかに該当するとき
は、その許可をしなければならない。

二　当該建築が、第十一条第三項の規定により都市計画施設の区域について都市施設を整備する立体的な範囲が定められている場合において、当該立体的な範囲外において行われ、かつ、当該都市計画施設を整備する上で著しい支障を及ぼすおそれがないと認められること。ただし、当該立体的な範囲が道路である都市施設を整備するものとして空間について定められているときは、安全上、防火上及び衛生上支障がないものとして政令で定める場合に限る。

3) 건축기준법

（道路内の建築制限）

第四十四条　建築物又は敷地を造成するための擁壁は、道路内に、又は道路に突き出して建築し、又は築造してはならない。ただし、次の各号のいずれかに該当する建築物については、この限りでない。

一　地盤面下に設ける建築物

二　公衆便所、巡査派出所その他これらに類する公益上必要な建築物で特定行政庁が通行上支障がないと認めて建築審査会の同意を得て許可したもの

三　地区計画の区域内の自動車のみの交通の用に供する道路又は特定高架道路等の上空又は路面下に設ける建築物のうち、当該地区計画の内容に適合し、かつ、政令で定める基準に適合するものであつて特定行政庁が安全上、防火上及び衛生上支障がないと認めるもの

四　公共用歩廊その他政令で定める建築物で特定行政庁が安全上、防火上及び衛生上他の建築物の利便を妨げ、その他周囲の環境を害するおそれがないと認めて許可したもの

2　特定行政庁は、前項第四号の規定による許可をする場合においては、あらかじめ、建築審査会の同意を得なければならない

（道路の定義）

第四十二条　この章の規定において「道路」とは、次の各号の一に該当する幅員四メートル（特定行政庁がその地方の気候若しくは風土の特殊性又は土地の状況により必要と認めて都道府県都市計画審議会の議を経て指定する区域内においては、六メートル。次項及び第三項において同じ。）以上のもの（地下におけるものを除く。）をいう。

（道路内に建築することができる建築物に関する基準等）

第百四十五条　法第四十四条第一項第三号　の政令で定める基準は、次のとおりとする。

一　主要構造部が耐火構造であること。

二　耐火構造とした床若しくは壁又は特定防火設備のうち、次に掲げる要件を満たすものとして、国土交通大臣が定めた構造方法を用いるもの又は国土交通大臣の認定を受けたもので道路と区画されていること。

イ　第百十二条第十四項第一号イ及びロ並びに第二号ロに掲げる要件を満たしていること。

ロ　閉鎖又は作動をした状態において避難上支障がないものであること。

三　道路の上空に設けられる建築物にあつては、屋外に面する部分に、ガラス（網入りガラスを除く。）、瓦　、タイル、コンクリートブロック、飾石、テラコッタその他これらに類する材料が用いられていないこと。ただし、これらの材料が道路上に落下するおそれがない部分については、この限りでない。

2　法第四十四条第一項第四号　の規定により政令で定める建築物は、

道路（高度地区（建築物の高さの最低限度が定められているものに限る。以下この項において同じ。）、高度利用地区又は都市再生特別地区内の自動車のみの交通の用に供するものを除く。）の上空に設けられる渡り廊下その他の通行又は運搬の用途に供する建築物で、次の各号のいずれかに該当するものであり、かつ、主要構造部が耐火構造であり、又は不燃材料で造られている建築物に設けられるもの、高度地区、高度利用地区又は都市再生特別地区内の自動車のみの交通の用に供する道路の上空に設けられる建築物、高架の道路の路面下に設けられる建築物並びに自動車のみの交通の用に供する道路に設けられる建築物である休憩所、給油所及び自動車修理所（高度地区、高度利用地区又は都市再生特別地区内の自動車のみの交通の用に供する道路の上空に設けられるもの及び高架の道路の路面下に設けられるものを除く。）とする。

一　学校、病院、老人ホームその他これらに類する用途に供する建築物に設けられるもので、生徒、患者、老人等の通行の危険を防止するために必要なもの

二　建築物の五階以上の階に設けられるもので、その建築物の避難施設として必要なもの

三　多数人の通行又は多量の物品の運搬の用途に供するもので、道路の交通の緩和に寄与するもの

3　前項の建築物のうち、道路の上空に設けられるものの構造は、次の各号に定めるところによらなければならない。

一　構造耐力上主要な部分は、鉄骨造、鉄筋コンクリート造又は鉄骨鉄筋コンクリート造とし、その他の部分は、不燃材料で造ること。

二　屋外に面する部分には、ガラス（網入ガラスを除く。）、瓦、タイル、コンクリートブロック、飾石、テラコッタその他これらに類する材料を用いないこと。ただし、これらの材料が道路上に落下するおそれがない部分については、この限りでない。

三　道路の上空に設けられる建築物が渡り廊下その他の通行又は運搬の用途に供する建築物である場合においては、その側面には、床面からの高さが一・五メートル以上の壁を設け、その壁の床面からの高さが一・五メートル以下の部分に開口部を設けるときは、これにはめごろし戸を設けること。

· **저자** ·

정종대   · **약 력** ·
서울시립대학교 건축공학과 졸업
서울대학교 환경대학원 석사
서울대학교 대학원 건축학 박사

서울대학교 환경계획연구소 연구원
대한주택공사 주택도시연구원 선임연구원
대통령자문 국가균형발전위원회 정책연구실 연구원
미국 Columbia University 건축도시대학원 Visiting Scholar
서울산업대학교 주택대학원 겸임교수
중앙대, 경기대, 연세대, 서울시립대 강사

· **주요 논저** ·
「공동주택단지의 디자인 매뉴얼」
「친환경 주거단지의 계획과 평가」
「친환경 건축물 인증지표 및 인증사례분석」
외 다수

김영훈   · **약 력** ·
연세대학교 건축공학과 졸업
연세대학교 대학원 석사
동경대학교 대학원 건축학 박사

대한주택공사 주택도시연구원 선임연구원
현)대진대학교 건축공학과 교수

· **주요 논저** ·
「왜 건축인가 – 건축의 8가지 보이지 않는 손」
「입체도시계획제도의 도시정비사업 활용방안 연구」
외 다수

박신영   · **약 력** ·
한양대학교 문화인류학과 졸업
강남대학교 부동산학과 석사

대한주택공사 주택도시연구원 위촉연구원

입체도시계획의 이해와 활용

• 초판 인쇄	2006년 11월 30일
• 초판 발행	2006년 11월 30일
• 지 은 이	정종대, 김영훈, 박신영
• 펴 낸 이	채종준
• 펴 낸 곳	한국학술정보㈜
	경기도 파주시 교하읍 문발리 526-2
	파주출판문화정보산업단지
	전화 031) 908-3181(대표) · 팩스 031) 908-3189
	홈페이지 http://www.kstudy.com
	e-mail(출판사업부) publish@kstudy.com
• 등 록	제일산-115호(2000. 6. 19)
• 가 격	24,000원

ISBN 89-534-6048-4 93540 (Paper Book)
      89-534-6049-2 98540 (e-Book)